Weniger Steuern & mehr Vermögen

Wie du als Unternehmer*in
mehr aus deinem Geld machst –

Rechtsform, Holding, Gehalt,
Investitionen und Altersvorsorge

von Alexander Keck

Unternehmergold Verlag

Bibliografische Information der Deutschen Nationalbibliothek:
Die Deutsche Nationalbibliothek verzeichnet diese Publikation in der Deutschen Nationalbibliografie; detaillierte bibliografische Daten sind im Internet über http://dnb.dnb.de abrufbar.

Autor: Alexander Keck
Lektorat: Manuela Runge
Korrektorat: Carmen Gómez Carrasco
Covergestaltung: Buchcoverdesign.de / Chris Gilcher
(unter Verwendung von Bildmaterial von Freepik.com)

ISBN E-Book: 978-3-949182-01-3
ISBN Taschenbuch (Buchhandel): 978-9-403617-35-0
ISBN Taschenbuch (nur auf Amazon): 978-3-949182-00-6
ISBN Gebundenes Buch (nur auf Amazon): 978-3-949182-02-0

Unternehmergold Verlag,
ein Imprint der Unternehmergold GmbH,
Jugenheimer Weg 2, 14163 Berlin, verlag@unternehmergold.de

Inhaltsverzeichnis

Einleitung ... 7

1. Steuerhebel:
Die beste Rechtsform für dein Unternehmen ... 15
Warum die GmbH die beste Rechtsform für dein Unternehmen ist ... 18
Die GmbH schützt dein Privatvermögen ... 19
Die GmbH hat eine geringere Steuerlast ... 21
Wie Personenunternehmen besteuert werden ... 23
Gewerbesteuer ... 24
Einkommensteuer ... 26
Wie die GmbH besteuert wird ... 31
Besteuerung von Gehältern ... 32
Besteuerung von thesaurierten Gewinnen ... 33
Besteuerung von ausgeschütteten Gewinnen ... 36
Wie du mit der GmbH die Steuerlast minimierst ... 39
Gewinn zur Deckung der Lebenshaltungskosten ... 39
Gewinn zur Stärkung des Unternehmens ... 40
Gewinn zur Vermögensmehrung ... 42
Wie dir die GmbH größere Flexibilität bietet ... 48
Wie hoch die Kosten der GmbH sind ... 49
Wann ein Personenunternehmen sinnvoll sein kann ... 51
Welche Wege zur GmbH führen ... 52
Gründung der GmbH ... 52
Über die UG zur GmbH ... 53
Umwandlung zur GmbH ... 55
Schlussfolgerungen für die Gründung ... 57
Zusammenfassung: Die GmbH als beste Rechtsform ... 59

2. Steuerhebel:

Die beste Rechtsform für dein Vermögen....61
Warum dein Vermögen in einer Holding am besten aufgehoben ist.....63
Die Holding ermöglicht dir vollständige Kontrolle über dein Vermögen...64
Die Holding sichert dein Vermögen vor operativen Risiken....65
Die Holding reduziert deine Steuerlast....67
Wann sich eine Holding für dich lohnt....75
Warum dich die Offenlegungspflicht nicht abhalten sollte....77
Welche Wege zu deiner Holding führen....79
Das Ideal ist: Alle oder niemand!....80
Holding und Tochter in Stafette gründen....80
Übertragen von Beteiligungen auf die Holding....81
Fahrplan zur Holding....89
Welche fünf Goldenen Regeln du bei der Holding befolgen solltest.....91
Zusammenfassung: Die Holding für dein Vermögen....95

3. Steuerhebel:

Geld steueroptimal aus der GmbH ziehen....97
Wie du dein Gehalt steueroptimal gestaltest....99
Welche Vorteile dir die Anstellung bei deiner Holding bietet....99
Wie hoch dein Gehalt von der Holding sein sollte....102
Wie hoch die Vergütung für die Geschäftsbesorgung sein sollte....103
Wie hoch der Steuervorteil durch die Drittanstellung ist....104
Wie du flexibel Einkommen und Kapital transferieren kannst.... 107
Darlehensvereinbarungen....107
Vermietung und Verpachtung....110
Lizenzgebühren....111
Zusammenfassung: Geld steueroptimal aus der GmbH ziehen.... 113

4. Steuerhebel:

Steuervorteile bei Investitionen nutzen 115
Investitionen in andere Unternehmen 118
Investitionen in Aktien 120
Investitionen in Aktienfonds und ETFs 124
Investitionen in Immobilien 132
Zusammenfassung: Steuervorteile bei Investitionen nutzen 143

5. Steuerhebel:

Deine ideale Altersvorsorge 145
Welche Vorteile eine Pensionszusage bietet 147
Wie du mit der Holding die Nachteile von Pensionszusagen umgehst 153
Welche Anforderungen die Pensionszusage erfüllen muss 156
Wie du die Geschäftsbesorgung für die Pensionszusage nutzt 158
Wie du die Pensionsrückstellungen investierst 160
Zusammenfassung: Deine ideale Altersvorsorge 163

Zusammenfassung: 5 Steuerhebel für dein Vermögen 165

Wie du deiner Steuerberatung hilfst, dir zu helfen 171

Dein Weg zum Unternehmergold 180

Danksagung 182

Einleitung

Dieses Buch zeigt, wie du als Unternehmer*in mit ein paar wenigen Hebeln nachhaltig Steuern sparen und dein Vermögen schneller mehren kannst.

Ich bin leidenschaftlicher Unternehmer. Mich motiviert, als Unternehmer selbstbestimmt zu entscheiden, woran und mit wem ich arbeite. Als Unternehmer bin ich aktiver Gestalter meines Umfelds.

Mit 17 Jahren habe ich das Unternehmertum für mich entdeckt und noch zu Schulzeiten mit zwei Freunden die erste Firma gegründet. Später habe ich eine Handwerker-Plattform aufgebaut, bei einem Company Builder digitale Geschäftsmodelle entwickelt und als selbständiger Unternehmensberater mit Schwerpunkt Finanzen und Controlling gearbeitet. Seit einigen Jahren bin ich darüber hinaus im Ehrenamt Handelsrichter am Landgericht Berlin.

Wie viele Unternehmerinnen und Unternehmer hatte ich lange eine mentale Barriere gegenüber dem Thema Steuern. Mein Ansatz war, dass ich mich besser auf meine Stärken fokussiere und darauf, unternehmerischen Mehrwert und damit Einkommen zu erwirtschaften. In Bezug auf Steuern hatte ich mich auf meine Steuerberatung verlassen.

Das sehe ich mittlerweile grundsätzlich anders. Eine Steuerberatung arbeitet meist mit dem, was da ist, und somit innerhalb der vorgegebenen Weichen. Entgegen meiner früheren Annahmen weiß ich jetzt, **dass die grundsätzlichen Steuerhebel einen viel gravierenderen Einfluss auf meine Steuerlast haben als nachträgliche Optimierungen durch die Steuerberatung.**

Ich habe für mich erkannt, dass ich ganz anders mit meiner Steuerberatung zusammenarbeiten muss. Dass ich ein viel besseres Grundverständnis steuerlicher Zusammenhänge brauche, um zu erkennen, bei welchen Entscheidungen ich meine Steuerberatung unbedingt einbinden sollte, und um bessere, zielgerichtetere Fragen stellen zu können.

Daraufhin habe ich mich intensiver mit dem Thema Steuern auseinandergesetzt, insbesondere mit der Unternehmensbesteuerung. Dabei habe ich festgestellt, dass das deutsche Steuerrecht im Detail zwar recht komplex sein kann, die wichtigsten Grundprinzipien aber eigentlich ganz einfach sind.

Je mehr ich über Steuern gelernt habe, desto größer wurde mein Erstaunen, wie groß der Steuerhebel sein kann. Jede neue Erkenntnis hat mich begeistert, weiterzugraben und noch mehr zu lernen. Aber je mehr ich gelernt habe, desto erstaunter war ich auch, wie rudimentär mein Steuerwissen vorher war, selbst nach über zehn Jahren als Unternehmer und GmbH-Geschäftsführer.

Natürlich habe ich mein neues Wissen über die großen Steuerhebel auch mit befreundeten Unternehmerinnen und Unternehmern geteilt. Die reagierten meist mit einer Mischung aus Erstaunen und Begeisterung. Erstaunen darüber, dass ihnen bislang niemand von den Steuerhebeln erzählt hatte – auch nicht ihre Steuerberatung. Und Begeisterung über die neu erkannten Möglichkeiten.

Aus diesen Gesprächen wuchs in mir das Bestreben, diese Steuerhebel bekannter zu machen. Da ich auf meiner eigenen Steuerreise keinen passenden Steuer-Leitfaden gefunden hatte, wurde mir klar, dass ich diesen Leitfaden schreiben muss. Das Ergebnis hältst du in deinen Händen.

Mit diesem Buch wende ich mich an Unternehmerinnen und Unternehmer: Meine Handlungsempfehlungen für weniger Steuern und mehr Vermögen sind für alle anwendbar, die ihr Einkommen aus unternehmerischer Tätigkeit erwirtschaften.

Wenn du dein Unternehmen schon länger führst, wirst du erfahren, wie du das Unternehmen und dein Vermögen neu strukturieren kannst. Wenn du gerade gründest oder vorhast zu gründen, wirst du lernen, wie du die Hebel schon bei der Gründung bestmöglich stellst. Auch wenn du selbständig oder freiberuflich tätig bist, werde ich dir einige Aha-Momente mit auf den Weg geben.

Unternehmertum hat viele Facetten. Für dieses Buch spielt es keine Rolle, ob du Alleinunternehmer*in bist oder Mitgründer*innen hast, ob du Angestellte hast oder nicht, ob du Produkte verkaufst oder Dienstleistungen. Entscheidend ist allein, dass unternehmerischer Erfolg die Ausgangsbasis deines Vermögens ist. Du hast dir deinen Erfolg und dein Vermögen also selbst erarbeitet oder wirst es noch tun.

Die Ziele für Steuerhebel in diesem Buch sind folgende:

Erstens: Sicherung deines Vermögens

Höchste Priorität sollte sein, dass dein erwirtschaftetes Vermögen bestmöglich geschützt ist. Du kannst dich viel besser auf deine unternehmerischen Aktivitäten konzentrieren, wenn du dir keine Existenzsorgen machen musst. Du kannst Risiken leichter eingehen, wenn du keine Sorgen vor einem Flächenbrand haben musst, der dein Vermögen vernichten kann.

In diesem Buch erfährst du, wie du Brandmauern aufziehen kannst zwischen deinen unternehmerischen Aktivitäten und deinem Vermögen, damit dein Vermögen nachhaltig gesichert ist.

Zweitens: Mehr Vermögen für mehr Freiheit

Was ist das Ziel der Vermögensmehrung? Mehr Vermögen heißt wortwörtlich, dass du mehr *vermagst*, etwas zu tun – oder auch nicht zu tun. Für mich bedeutet mehr Vermögen in erster Linie mehr Freiheit, genau das zu tun, was ich möchte, und genau so zu leben, wie ich es möchte.

Mit mehr Vermögen kannst du deinen Fokus verschieben – weg von der Frage, was kurzfristig Geld bringt, hin zu Überlegungen, wie du langfristig und nachhaltig den größten Wert für dich und dein Umfeld schaffen kannst. Mehr Vermögen ermöglicht dir, deine Rolle im Unternehmen so zu gestalten, wie es deiner persönlichen Vorstellung am meisten entspricht und dadurch nicht nur zufriedener, sondern auch erfolgreicher zu sein.

In diesem Buch erfährst du, mit welchen Hebeln für eine nachhaltige Vermögensmehrung und solide Altersvorsorge du deine persönliche und unternehmerische Freiheit erhöhen kannst.

Drittens: Langfristige Weichenstellungen, die zu dir passen

Du brauchst ein steuerliches Fundament, das zum einen dafür sorgt, dass du nicht mehr Steuern zahlst, als du musst, und zum anderen zukunftsfähig ist. Wenn deine Unternehmen wachsen, deine Investitionen zunehmen und dein Vermögen größer wird, soll dein steuerliches Fundament mitwachsen können.

Die Steuerhebel zu verstehen und zu beherrschen ist wichtiger als eine größtmögliche Steuerersparnis. Steueroptimierungen dürfen deiner unternehmerischen Wertschöpfung nicht im Wege stehen. Und zu hohe Komplexität in der Steuerstruktur, die du nicht mehr beherrschst, bedeutet eine Barriere für deine Wertschöpfung. Damit wären die Kosten höher als die Steuerersparnis.

Ich werde klare Handlungsempfehlungen aussprechen und die zugrundeliegenden Erläuterungen leicht verständlich darstellen. Ich bemühe mich um größtmögliche Verständlichkeit, weil du einfache Prinzipien und Empfehlungen besser umsetzen kannst.

In diesem Buch soll es nicht darum gehen, das letzte Quäntchen Steuerersparnis herauszuquetschen, sondern um die großen Steuerhebel für dein Unternehmen und deine Vermögensmehrung.

Weniger Steuern zu zahlen, ist ein elementarer Aspekt der Steuerhebel in diesem Buch. Warum solltest du auch nicht den Spielraum nutzen, den dir der Fiskus durch die Steuergesetzgebung ermöglicht?

Steuern sind aber nicht der Feind. Es geht nicht darum, gar keine Steuern zu zahlen. Klar ist, dass es ohne Steuern nicht geht. Nur ein

finanziell vernünftig ausgestattetes Gemeinwesen kann unsere öffentliche Infrastruktur aufrechterhalten. Eine gesunde öffentliche Infrastruktur und eine funktionierende Rechtsordnung bilden die Grundlage für unsere unternehmerischen Aktivitäten.

Wer in schwierigen Zeiten einen handlungsfähigen Staat will, der muss auch in guten Zeiten seinen Beitrag leisten. Ich glaube, dass wir alle gewinnen, wenn wir nicht nur unseren persönlichen Vorteil, sondern auch das Gemeinwohl im Blick haben. Für mich ist das die Grundlage unseres Gesellschaftsvertrages und eine wichtige Richtschnur meines Handelns.

Da ich selbst Unternehmer bin, meine ich, dir das Thema Steuern besser nahebringen zu können, als die meisten Steuerberaterinnen oder Steuerberater es könnten. Eine befreundete Steuerberaterin hat mir nach dem Lesen verraten, dass sie nie so ein Buch hätten schreiben können. Sie fühlt sich gezwungen, auf alle Ausnahmetatbestände hinzuweisen unter der Gefahr, unverständlich zu werden. Für mich steht Verständlichkeit an erster Stelle. Für die individuelle Prüfung wendest du dich dann an deine Steuerberatung.

Um es noch einmal ganz deutlich zu machen: **Dieses Buch ist eine steuerliche Aufklärung, keine Steuerberatung. Du solltest für die Umsetzung meiner Empfehlungen unbedingt eine Steuerberatung hinzuziehen.** Steuerberatungen sind wichtige Stützen für Unternehmerinnen und Unternehmer. Zum Ende des Buches werde ich dir noch einige Hinweise geben, wie du besser mit deiner Steuerberatung zusammenarbeiten kannst.

Im Buch zeige ich dir fünf Steuerhebel, mit denen du langfristig Steuern sparen und schneller Vermögen aufbauen kannst.

Der erste Steuerhebel ist die richtige Rechtsform: Du wirst erfahren, warum die GmbH die beste Rechtsform für die meisten Unternehmungen ist.

Mit dem zweiten Steuerhebel gibst du auch deinem Vermögen eine Rechtsform: Du wirst verstehen, warum du deine Unternehmensanteile unbedingt über eine Holding halten solltest – und nicht persönlich.

Durch den dritten Steuerhebel wirst du erfahren, wie du steueroptimal Geld aus dem Unternehmen bzw. der Holding herausziehst. Zu viele Unternehmerinnen und Unternehmer nutzen die Steuervorteile der GmbH nicht richtig und müssen die Auszahlungen zu hoch versteuern.

Beim vierten Steuerhebel zeige ich dir, wie du bei deinen Vermögensinvestitionen Steuervorteile nutzt. Du wirst erfahren, wie die wichtigsten Vermögensinvestitionen – Beteiligungen, Aktien, Aktienfonds, ETFs und Immobilien – besteuert werden, und auch welche du über die Holding und welche du privat vornehmen solltest.

Der fünfte Steuerhebel ist eine moderne Altersvorsorge: Ich zeige dir, wie du steuerbegünstigt für dein Alter vorsorgst und gleichzeitig die volle Kontrolle über deine Investitionen behältst.

Mein Ziel ist, dir den Weg zur Umsetzung meiner Empfehlungen so einfach wie möglich zu machen. Daher habe ich zu einzelnen Maßnahmen weiterführende und noch konkretere Umsetzungshilfen erstellt, auf die ich an geeigneter Stelle verweisen werde.

Dieses Bonusmaterial zum Buch findest du gebündelt auf meiner Webseite unter www.unternehmergold.de/steuern-bonus.

Abonniere dort auch meinen Newsletter – dann schicke ich dir neues Unternehmergold direkt in deine Inbox: Tipps und Umsetzungshilfen, mit denen du Steuern in Vermögen wandelst.

Lesehinweise

Um das Thema Steuern zugänglich zu machen, arbeite ich mit einigen Vereinfachungen. Diese sind für mich legitim, solange sie keine Auswirkung auf die grundsätzlichen Schlussfolgerungen und Empfehlungen haben. Ich traue dir zu, dass du die Grundprinzipien auf deine Situation übertragen kannst.

Ich nehme folgende Vereinfachungen vor:

1) Bei den Herleitungen und Berechnungen lasse ich die Kirchensteuer außen vor. Die Kirchensteuer folgt einem ähnlichen Prinzip wie der Solidaritätszuschlag und ist knapp anderthalbmal so hoch wie dieser. Solltest du Kirchensteuer zahlen, kannst du überschlagsmäßig das 1,5-fache des Solidaritätszuschlages hinzurechnen.

2) Bei den Berechnungen lege ich immer eine Einzelveranlagung zugrunde, sowohl in Bezug auf Einkommensteuersätze als auch bei Freibeträgen. Auch Kinderfreibeträge lasse ich außen vor. Solltest du steuerlich in einer gemeinsamen Veranlagung sein, kannst du meist die angegebenen Einkommenshöhen oder Freibeträge verdoppeln.

3) Ich fasse Einzelunternehmen und Personengesellschaften als Personenunternehmen zusammen. Wenn du Gesellschafter*in einer Personengesellschaft bist, dann kannst du die Ausführungen und Berechnungen zur Einzelunternehmung auf deine Situation übertragen, indem du deinen Anteil am Gewinn auf den Gesamtgewinn der Einzelunternehmung beziehst.

4) Da zum einen die Umsatzsteuerpflicht nicht rechtsformabhängig ist und zum anderen die Umsatzsteuer für alle umsatzsteuerpflichtigen Unternehmen ein durchlaufender Posten ist, spielt die Umsatzsteuer zur Ermittlung der Steuerquote und in meinen folgenden Ausführungen keine Rolle.

1.

Steuerhebel:

Die beste Rechtsform für dein Unternehmen

Kurz und knapp: Die beste Rechtsform für die meisten Unternehmen ist die GmbH.

Die Wahl der Rechtsform für dein operatives Unternehmen ist erste und wichtigste Steuerhebel. Die Rechtsform bestimmt vor allem, wie sicher dein Vermögen ist und wie hoch die Gewinne besteuert werden.

Genau in diesen zwei Punkten besticht die GmbH:

1) **Die GmbH schützt dein Privatvermögen.**
2) **Die GmbH hat eine geringere Steuerlast.**

Erst mit einer GmbH gewinnst du den nötigen Spielraum, deine Steuern zu gestalten und die weiteren Steuerhebel umzusetzen.

Die Wahl für eine Rechtsform ist aber keine einmalige und unabänderliche Entscheidung. Auch, wenn du schon gegründet und dich für eine Rechtsform entschieden hast, solltest du dir die Frage stellen, ob sie für dein Unternehmen und dich noch immer die beste Rechtsform ist. Und wenn sie das nicht ist, solltest du die Rechtsform ändern.

Dies ist ein guter Zeitpunkt, dir Claudia und Sven vorzustellen. An ihrem Beispiel werde ich zeigen, welche Auswirkungen die Steuerhebel auf ihre Steuerlast und ihr Vermögen haben.

Claudia und Sven basieren auf echten Personen – ich habe aber die Namen geändert und einige Eigenschaften für meine Zwecke modelliert, damit die Berechnungen einfacher und deutlicher werden.

Claudia führt eine PR-Agentur als Einzelunternehmerin. Sven hat eine Personalberatung in der Rechtsform einer GmbH und hat mit dieser eine Anstellung als Geschäftsführer. Beide führen ihr Unternehmen allein und außer ihnen ist niemand an ihren Unternehmen beteiligt. Beide benötigen für ihren Lebensunterhalt einen Unternehmerlohn von jährlich 50.000 Euro.

Sowohl für Claudia als auch für Sven haben bei der Gründung Steuerfragen oder die Haftung für die Wahl der Rechtsform keine große Rolle gespielt.

Sven hatte sich bei der Gründung seines Unternehmens für die Rechtsform der GmbH entschieden, vorrangig wegen der höheren Reputation. Er versprach sich, mit einer GmbH ernster genommen zu werden und einfacher Kunden gewinnen zu können.

Claudia brauchte das Ansehen der GmbH nicht – sie hatte sich in der PR-Branche schon vorher einen Namen gemacht und ihre Kunden haben die Agentur vorwiegend ihretwegen beauftragt. Für Claudia war die Einzelunternehmung der einfachste Weg in die Selbständigkeit.

Dieses Kapitel wird zeigen, dass Claudia bei gleichen Gewinnen nicht nur deutlich mehr Steuern zahlt als Sven, sondern dass ihr persönliches Vermögen auch deutlich höherem Risiko ausgesetzt ist. Sven hat zwar zum Start einen vermeintlichen Vorsprung – Claudia wird jedoch die empfohlenen Steuerhebel im Verlauf des Buches umsetzen und am Ende weit vorn sein[1].

---

[1] Die Entwicklung von Claudia und Sven ist – wie alle Empfehlungen in diesem Buch – völlig unabhängig von ihrem Geschlecht.

Warum die GmbH die beste Rechtsform für dein Unternehmen ist

Die beiden entscheidenden Vorteile der GmbH gegenüber Personenunternehmen hast du eben schon kennengelernt:

1) **Die GmbH schützt dein Privatvermögen.**
2) **Die GmbH hat eine geringere Steuerlast.**

Diese zwei Vorteile gelten aber nicht nur für die GmbH, sondern grundsätzlich für alle Kapitalgesellschaften.

Bei den Kapitalgesellschaften gibt es die Gesellschaft mit beschränkter Haftung (GmbH), die Unternehmergesellschaft (UG) als kleine Form der GmbH und die Aktiengesellschaft (AG). Alle Kapitalgesellschaften können von Alleinunternehmer*innen auch als Einpersonengesellschaften gegründet werden, selbst die AG.

Stark vereinfacht ist die AG eine große Form der GmbH. Aufgrund der deutlich höheren Komplexität und gesellschaftsrechtlichen Anforderungen ist die AG für die meisten kleinen und mittleren Unternehmen kaum geeignet. Der Weg zur AG führt oft über die GmbH – erst wird eine GmbH gegründet, die dann später zur AG umgewandelt wird.

Die UG auf der anderen Seite ist eine Sonderform der GmbH. Die UG wurde 2008 eingeführt[2], um die Gründung einer Gesellschaft mit Haftungsbeschränkung auch mit weniger als 25.000 Euro Stammkapital zu ermöglichen. Die UG ist jedoch verpflichtet, solange ein Viertel des Jahresüberschusses in die Rücklagen einzustellen, bis das Stammkapital wenigstens 25.000 Euro beträgt[3], also so hoch ist, wie bei der GmbH. **Jede UG ist somit eine kleine GmbH, die – wenn sie**

---

[2] GmbH-Modernisierungsgesetz (MoMiG), 2008

[3] GmbHG § 5a – Unternehmergesellschaft

groß ist – zur GmbH werden will. Ansonsten gelten für die UG die gleichen Grundsätze wie für die GmbH.

Da die UG als kleine und die AG als große GmbH betrachtet werden können, werde ich im Folgenden vereinfachend von der GmbH stellvertretend für alle Kapitalgesellschaften schreiben.

Wenn ich also Eigenschaften und steuerliche Prinzipien der GmbH erläutere, so gilt das in gleicher Weise auch für die UG. Im Kapitel *Über die UG zur GmbH* ab *Seite 53* erfährst du, unter welchen Umständen die UG sinnvoll sein kann und wann du gleich die GmbH gründen solltest.

Jetzt aber erst einmal zurück zu den zwei großen Vorteilen der GmbH.

Die GmbH schützt dein Privatvermögen

Die Sicherung der privaten Existenz und des privaten Vermögens ist für mich eine Grundvoraussetzung für unternehmerische Freiheit.

Wenn du dir Sorgen um deine private Existenz machen musst, wird Risikovermeidung für dich vermutlich eine höhere Priorität haben als Gewinnerzielung. Im Umkehrschluss wird es dir leichter fallen, für einen potenziellen Gewinn ein unternehmerisches Risiko einzugehen, wenn der Verlust begrenzt ist und deine private Existenz nicht auf dem Spiel steht.

Als Personenunternehmer*in bist du das Unternehmen und das Unternehmen ist ein Teil deiner natürlichen Person *(siehe Abbildung 1)*. Weil du und dein Unternehmen eins sind, gibt es keine Brandmauern zwischen dem Unternehmen und deinem Privatvermögen. **Daher schlagen bei Personenunternehmen alle Verluste aus dem Unternehmen direkt auf das Privatvermögen durch – du trägst alle Haftungsrisiken persönlich.**

Bei Kapitalgesellschaften wie der GmbH gilt das Trennungsprinzip. Das klingt wie eine Brandmauer und das ist es auch. Die GmbH ist eine eigene Rechtspersönlichkeit mit eigenem Vermögen, getrennt von deinem Vermögen und deiner Person als Unternehmer*in.

Bei der GmbH sind damit Haftung und Verluste auf das Vermögen der Gesellschaft beschränkt. Verluste und Haftungsrisiken schlagen nicht auf dein Privatvermögen durch.

Abbildung 1:
Personenunternehmen und Kapitalgesellschaften

Es mag Geschäftsmodelle geben, bei denen Verlust- und Haftungsrisiken überschaubar sind. Dann ist der Bedarf nach einer Brandmauer entsprechend geringer. Die Frage ist dabei aber: Kannst du wirklich alle Risiken überblicken und einschätzen? Kannst du alle möglichen Haftungsfälle ausschließen? Bist du bereit, dein gesamtes Vermögen darauf zu wetten? Nur wenn du diese Fragen mit Ja beantworten kannst, solltest du für dich eine Einzelunternehmung oder Personengesellschaft in Betracht ziehen. In allen anderen Fällen solltest du dich für eine Kapitalgesellschaft entscheiden: die GmbH.

Die rechtliche Trennung fördert auch die gedankliche Trennung von Person und Unternehmen, die ich für sehr hilfreich halte. **Eine klare Trennung unterstützt einen Perspektivwechsel: weg von der Selbständigkeit hin zum Unternehmertum. Wer selbständig ist, arbeitet *im* eigenen Unternehmen; als Unternehmer*in arbeitest du *am* eigenen Unternehmen.**

Wenn du selbständig bist, stellst du vor allem deine eigene Leistung in Rechnung und tauscht damit Zeit gegen Geld. Willst du mehr verdienen, erfordert das von dir mehr ‚selbst' und mehr ‚ständig'.

Als Unternehmer*in hingegen versuchst du, ein Geschäftssystem aufzubauen, das die Wertschöpfung Schritt für Schritt unabhängiger von deiner eigenen Arbeitsleistung macht. Wer Person und Unternehmen rechtlich trennt, hat es auch gedanklich leichter, die eigene Person vom Unternehmen zu lösen. Das spricht für die GmbH und gegen Personenunternehmen als Rechtsform.

Die GmbH hat eine geringere Steuerlast

Gewinne werden in der GmbH niedriger besteuert als Gewinne in Personenunternehmen. **In der GmbH hast du nach der Besteuerung bis zu 20 % mehr Gewinn als in Personenunternehmen.**

Die GmbH ermöglicht dir somit einen Vermögensvorsprung von fünf Jahren: Wenn du die erwirtschafteten Gewinne zur weiteren Vermögensmehrung investierst, z. B. in Aktien, bräuchtest du als Personenunternehmer*in fünf Jahre bei einer Kapitalrendite von durchschnittlich 4%, um den Steuernachteil von 20% gegenüber der GmbH wettzumachen. Doch dann bist du als GmbH-Unternehmer*in schon wieder fünf Jahre weiter.

Die Gründe für die niedrigere Besteuerung der GmbH folgen wie bei der Haftung daraus, dass Personenunternehmen Ausprägungen der natürlichen Personen der Unternehmerinnen und Unternehmer sind, während GmbHs eigenständige Rechtspersonen sind.

Die Globalisierung hat zu einer enormen Zunahme des internationalen Steuerwettbewerbs geführt[4]. Da es für Kapitalgesellschaften als juristische Personen viel einfacher ist, den Geschäftssitz zu wechseln oder Gewinne innerhalb des Konzerns zu verschieben, ist der Steuerwettbewerb bei der Unternehmensbesteuerung ungleich größer als bei der Besteuerung von Personen und Personenunternehmen. **Im Zuge dessen wurde die Steuerlast von Kapitalgesellschaften stark gesenkt;** zuletzt ganz entscheidend in der Unternehmenssteuerreform von 2008.

Du weißt jetzt, dass und warum die GmbH im Allgemeinen geringer besteuert wird als ein Personenunternehmen. Das gilt aber nur ab einer gewissen Gewinnhöhe (Pi mal Daumen 60.000 Euro pro Jahr, Unternehmerlohn eingeschlossen) und wenn die Gewinne in der GmbH verbleiben und nicht ausgeschüttet werden.

Damit du die Steuervorteile wirklich nutzen kannst, brauchst du unbedingt ein Verständnis sowohl von Personenunternehmen als auch der GmbH. Dafür werden wir uns schrittweise ein besseres Verständnis der Besteuerung von Personenunternehmen und GmbHs erarbeiten.

---

[4] Tipke/Lang: „Steuerrecht“, 23. Auflage, 2018, S. 742

Wie Personenunternehmen besteuert werden

Bei Personenunternehmen werden die erwirtschafteten Gewinne und Verluste den Gesellschafterinnen und Gesellschaftern persönlich zugerechnet[5]. Diese direkte Zurechnung wird als Transparenzprinzip bezeichnet. Das Personenunternehmen ist für die steuerliche Betrachtung transparent, so dass die Besteuerung auf Ebene der Gesellschafter erfolgt.

Personenunternehmen umfassen Einzelunternehmen und Personengesellschaften. Bei einem Einzelunternehmen handelt es sich um eine einzelne Person, die Risiko und Ertrag persönlich und allein auf sich vereint – wie bei Claudia und ihrer PR-Agentur. Personengesellschaften sind ein Zusammenschluss mehrerer Personen und können als Gesellschaft bürgerlichen Rechts (GbR), Offene Handelsgesellschaft (OHG) oder Kommanditgesellschaft (KG) ausgestaltet sein.

Wenn du freiberuflich tätig bist, allein oder in einer Partnerschaft, gelten für dich die gleichen Grundsätze wie für Einzel- und Personenunternehmen. Du kannst zwar ein paar Erleichterungen beanspruchen, aber die Schlussfolgerungen hinsichtlich der Haftung und Besteuerung gelten für dich auch.

Für die Ertragsbesteuerung bei Personenunternehmen sind nur zwei Steuerarten relevant: die Gewerbesteuer und die Einkommensteuer.

---

[5] Tipke/Lang: „Steuerrecht“, 23. Auflage, 2018, S. 683

Gewerbesteuer

Die Gewerbesteuer ist eine kommunale Steuer und betrifft alle gewerblichen Unternehmen und somit sowohl Personen- als auch Kapitalgesellschaften. Von der Gewerbesteuer befreit sind nur die freien Berufe.

Grundlage der Steuer ist, dass Unternehmen von der kommunalen Infrastruktur profitieren und daher für deren Aufrechterhaltung und Ausbau einen Kostenbeitrag leisten sollen.

Besteuert wird der Unternehmensgewinn als Gewerbeertrag. Dieser wird bei Personenunternehmen um einen Freibetrag in Höhe von 24.500 Euro gekürzt. Der verbleibende steuerpflichtige Gewerbeertrag wird mit 3,5% multipliziert, um den Gewerbesteuermessbetrag zu erhalten, der wiederum mit dem Gewerbesteuerhebesatz der Gemeinde multipliziert wird.

Der durchschnittliche Gewerbesteuerhebesatz liegt in Deutschland bei rund 400 %[6]. Großstädte haben in der Regel einen höheren Hebesatz als umliegende Gemeinden *(siehe Tabelle 1)*. Hauptgrund dafür ist, dass die Städte mit ihrer Infrastruktur, ihrem kulturellen Angebot und ihrem Arbeitskräftepool eine hohe Attraktivität aufweisen. Ländliche Gemeinden versuchen durch steuerliche Anreize, primär über niedrigere Hebesätze der Gewerbesteuer, ihre Attraktivität für Unternehmen zu erhöhen.

Monheim am Rhein, in direkter Nähe zu Düsseldorf, hat mit 250% einen der niedrigsten Hebesätze in Deutschland. Durch den um 190 Punkte niedrigeren Hebesatz, ist die Gewerbesteuer in Monheim um 7,7% niedriger als in Düsseldorf. Steueroasen gibt es auch in Deutschland.

---

[6] Statistisches Bundesamt, Pressemitteilung Nr. 331 vom 30.08.2019

Tabelle 1: Hebesteuersätze für die Gewerbesteuer (GewSt) ausgewählter (Groß-)Städte in Deutschland (2021)[7]

Stadt	Hebesatz ↓	Gewerbesteuer
Monheim am Rhein	250%	8,8%
Berlin	410%	14,4%
Stuttgart	420%	14,7%
Mainz	440%	15,4%
Düsseldorf	440%	15,4%
Kiel	450%	15,8%
Magdeburg	450%	15,8%
Potsdam	455%	15,9%
Frankfurt	460%	16,1%
Leipzig	460%	16,1%
Bremen	460%	16,1%
Rostock	465%	16,3%
Erfurt	470%	16,5%
Hamburg	470%	16,5%
Hannover	480%	16,8%
München	490%	17,2%
Saarbrücken	490%	17,2%

Da *Tabelle 1* die Hebesteuersätze überwiegend von Großstädten auflistet, scheint der durchschnittliche Hebesatz hier höher als der vom Bundesamt für Statistik ermittelte Durchschnittswert von 400%.

Damit beträgt die Gewerbesteuer durchschnittlich 14% des steuerpflichtigen Gewinns (3,5% × 400%). Durch den Gewerbesteuerfreibetrag liegt die Gewerbesteuerquote bezogen auf den Unternehmensgewinn unter diesen 14%. Bis zu einem Gewinn in Höhe des Freibetrags von 24.500 Euro muss keine Gewerbesteuer gezahlt werden.

---

[7] DIHK

Bei einem Gewinn in Höhe von 100.000 Euro wie bei unserer Unternehmerin Claudia *(siehe Rechnung 1)* beträgt die Gewerbesteuerquote etwas über 10%.

Rechnung 1: Gewerbesteuer bei Personenunternehmen

Einzelunternehmerin Claudia hat einen Gewinn vor Steuern von 100.000 Euro. Nach Abzug des Gewerbesteuerfreibetrags beträgt die Gewerbesteuer etwas mehr als 10% ihres Gewinns.

	Gewinn vor Steuern	100.000 €
=	**Gewerbeertrag**	**100.000 €**
–	Gewerbesteuerfreibetrag	24.500 €
=	**Steuerpflichtiger Gewerbeertrag**	**75.500 €**
×	Gewerbesteuermessbetrag	3,50%
×	Gewerbesteuerhebesatz	400%
=	**Gewerbesteuer**	**10.570 €**
	Steuerquote Gewerbesteuer	*10,6%*

Einkommensteuer

Neben der Gewerbesteuer ist für Personenunternehmen nur noch die Einkommensteuer relevant. **Der Unternehmensgewinn wird unmittelbar und vollständig zur Einkommensberechnung herangezogen und mit dem persönlichen Steuersatz der Unternehmerin oder des Unternehmers besteuert.**

Die Höhe der Steuerbelastung ist somit unabhängig davon, wieviel Gewinn entnommen wird, z. B. als Unternehmerlohn. Selbst bei Trennung der Konten zwischen privat und Unternehmen gibt es für die Besteuerung keine Trennung.

Obwohl Claudia ihrem Unternehmen nur einen Lohn von 50.000 Euro zur Deckung ihrer Lebenshaltungskosten entnimmt, muss sie den kompletten Gewinn in Höhe von 100.000 Euro als persönliches Einkommen versteuern.

Bei der Einkommensteuer (ESt) gilt in Deutschland ein progressiver Steuertarif – jeder zusätzliche Euro wird mit einem höheren Grenzsteuersatz belegt als das darunter liegende Einkommen.

Abbildung 2:
Verlauf der Steuersätze der Einkommensteuer (2022)

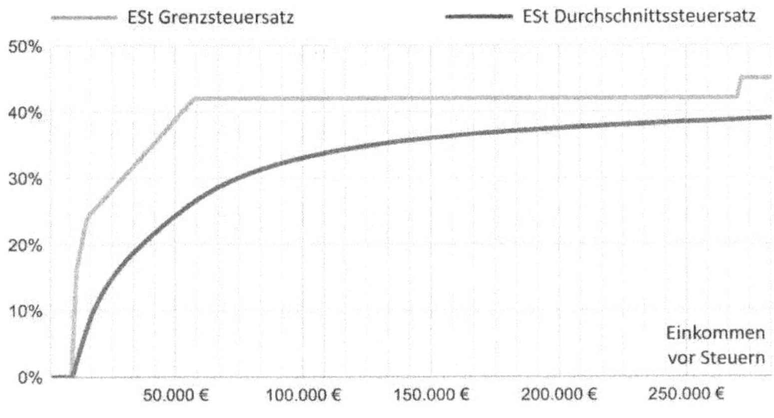

Für den Grenzsteuersatz der Einkommensteuer gibt es 5 Tarifzonen:
Zone 1: Bis zum Grundfreibetrag von 9.984 Euro wird keine Einkommensteuer erhoben.
Zone 2: Zwischen 9.985 Euro und 14.926 Euro steigt der Grenzsteuersatz linear von 14% auf 24%.
Zone 3: Zwischen 14.927 Euro und 58.596 Euro steigt der Grenzsteuersatz linear von 24% auf 42%. Bei ca. 30.000 Euro übersteigt der Grenzsteuersatz die für die weiteren Betrachtungen wichtige Marke von 30%.
Zone 4: Zwischen 58.597 Euro und 277.825 Euro gilt der Spitzensteuersatz von 42%.
Zone 5: Ab 277.826 Euro gilt der Reichensteuersatz in Höhe von 45%.

Da der Grenzsteuersatz zunimmt, liegt der durchschnittliche Steuersatz auf das gesamte Einkommen entsprechend unter dem Grenzsteuersatz *(siehe Abbildung 2).* Auf ein Einkommen von 100.000 Euro werden ca. 33.000 Euro Einkommensteuer fällig. Der durchschnittliche Steuersatz beträgt somit 33%, obwohl ab dem 58.597zigsten Euro jeder zusätzliche Euro Einkommen mit dem Spitzensteuersatz von 42% belastet wird.

Um Einkommen aus selbständiger Arbeit gegenüber Einkommen aus unselbständiger Arbeit nicht übermäßig zu benachteiligen, wird von der tariflichen Einkommensteuer die schon entrichtete Gewerbesteuer abgezogen. Zumindest bis zu einem Hebesatz von 400%. Ist der Hebesatz größer als 400%, müssen Unternehmer*innen den darüberhinausgehenden Anteil der Gewerbesteuer weiterhin tragen.

Daher ist für die meisten Personenunternehmen die effektive Gewerbesteuer vernachlässigbar: Da der durchschnittliche Hebesatz in Deutschland bei 400% liegt und die Gewerbesteuer bis zu einem Hebesatz von 400% angerechnet wird, zahlt die Hälfte aller Personenunternehmen effektiv keine Gewerbesteuer.

Daher werde ich zur Vereinfachung der folgenden Ausführungen die Gewerbesteuer bei Personenunternehmen außen vor lassen und nur die Einkommensteuer berücksichtigen.

Wer sein Gewerbe jedoch in einer Gemeinde mit hohen Hebesätzen betreibt, wie etwa München oder Saarbrücken mit einem Hebesatz von jeweils 490%, zahlt effektiv rund drei Prozentpunkte mehr als nur die Einkommensteuer ((490% – 400%) × 3,5% = 3,2%) *(siehe Tabelle 2).*

Freiberuflich Tätige sind von der Gewerbesteuer befreit. Wegen der Anrechnung der Gewerbesteuer bei der Einkommensteuer bedeutet diese Befreiung jedoch keinen großen Steuervorteil – der Steuervorteil der freien Berufe entspricht der effektiven Gewerbesteuer.

Tabelle 2: Effektive Gewerbesteuer (GewSt) von Personenunternehmen nach Anrechnung bei der Einkommensteuer (ESt) (2021)

Stadt	**Hebesatz ↓**	**GewSt**	**Effekt. GewSt nach Anrechnung bei ESt**
Monheim am Rhein	250%	8,8%	0,0%
Berlin	410%	14,4%	0,4%
Stuttgart	420%	14,7%	0,7%
Mainz	440%	15,4%	1,4%
Düsseldorf	440%	15,4%	1,4%
Kiel	450%	15,8%	1,8%
Magdeburg	450%	15,8%	1,8%
Potsdam	455%	15,9%	1,9%
Frankfurt	460%	16,1%	2,1%
Leipzig	460%	16,1%	2,1%
Bremen	460%	16,1%	2,1%
Rostock	465%	16,3%	2,3%
Erfurt	470%	16,5%	2,5%
Hamburg	470%	16,5%	2,5%
Hannover	480%	16,8%	2,8%
München	490%	17,2%	3,2%
Saarbrücken	490%	17,2%	3,2%

Um die Besteuerung eines Personenunternehmens im Detail nachzuvollziehen, zeigt *Rechnung 2* auf der nächsten Seite die Besteuerung durch Gewerbesteuer und Einkommensteuer Schritt für Schritt.

Dabei ist schön zu sehen, dass die ermittelte Gewerbesteuer fast vollständig von ihrer Einkommensteuer abgezogen wird und daher vernachlässigt werden kann.

Deutlich wird, dass durch den zunehmenden Grenzsteuersatz der Einkommensteuer auch die Steuerquote eines Personenunternehmens mit zunehmendem Einkommen steigt.

Rechnung 2: Besteuerung eines Personenunternehmens

Hier sehen wir, wie Claudias Personenunternehmen besteuert wird. Da Claudia den Gewinn ihres Unternehmens Jahr für Jahr verdoppelt, ist gut zu sehen, wie die Steuerlast mit steigendem Gewinn wächst.

		Jahr -1	Jahr 0	Jahr +1
	Gewinn vor Steuern	50.000 €	100.000 €	200.000 €
Ermittlung der Gewerbesteuer				
	Gewerbeertrag	**50.000 €**	**100.000 €**	**200.000 €**
–	Gewerbesteuerfreibetrag	24.500 €	24.500 €	24.500 €
=	**Steuerpflichtiger Gewerbeertrag**	**25.500 €**	**75.500 €**	**175.500 €**
×	Gewerbesteuermessbetrag	3,50%	3,50%	3,50%
×	Gewerbesteuerhebesatz	400%	400%	400%
=	**Gewerbesteuer**	**3.570 €**	**10.570 €**	**24.570 €**
Ermittlung der Einkommensteuer				
	Zu versteuerndes Einkommen	**50.000 €**	**100.000 €**	**200.000 €**
	Tarifliche Einkommensteuer	11.844 €	32.732 €	74.732 €
–	Anrechnung der Gewerbesteuer	3.570 €	10.570 €	24.570 €
=	**Einkommensteuer**	**8.314 €**	**22.162 €**	**50.162 €**
+	Solidaritätszuschlag[8]	0 €	1.219 €	2.759 €
=	**Einkommensteuer (inkl. SolZ)**	**8.314 €**	**23.381 €**	**52.921 €**
Besteuerung des Unternehmens zusammengefasst				
	Einkommen vor Steuern	**50.000 €**	**100.000 €**	**200.000 €**
–	Gewerbesteuer	3.570 €	10.570 €	24.570 €
–	Einkommensteuer (inkl. SolZ)	8.314 €	23.381 €	52.921 €
=	**Einkommen nach Steuern**	**38.116 €**	**66.049 €**	**122.509 €**
	Steuerquote	*23,8%*	*34,0%*	*38,7%*

[8] Nach dem Gesetz zur Rückführung des Solidaritätszuschlags wird ab 2021 auf Einkommen bis 61.717 € kein Solidaritätszuschlag mehr erhoben. Auf Einkommen über 96.409 €, wird weiterhin der volle Solidaritätszuschlag fällig.

Wie die GmbH besteuert wird

In einem Personenunternehmen gibt es kaum Spielraum, die Steuern zu gestalten – erst mit einer GmbH können Unternehmerinnen und Unternehmer ihre Steuern wirksam gestalten und Steuern sparen.

Bei Personenunternehmen werden alle Unternehmenserträge als persönliches Einkommen besteuert – Claudia hat keinen Einfluss auf ihre Besteuerung.

Durch das Trennungsprinzip gibt es bei der GmbH zwei Ebenen der Besteuerung, die der GmbH selbst und die der Gesellschafter. Im Gegensatz zu Claudia kann Sven die Besteuerung sehr wohl beeinflussen: **Wegen der zwei Besteuerungsebenen hängt bei einer GmbH die Besteuerung vornehmlich von der Verwendung der erwirtschafteten Erträge ab.** Werden die Erträge

1) als Gehalt an im Unternehmen beschäftigte Gesellschafter ausgezahlt,

2) in der GmbH als Gewinnrücklage einbehalten (auch Thesaurierung der Gewinne genannt),

3) oder als Dividende an die Gesellschafter ausgeschüttet?

Folgend erfährst du, wie diese drei Ertragsverwendungen in der GmbH und bei den an ihr beteiligten Gesellschafterinnen und Gesellschaftern besteuert werden.

Besteuerung von Gehältern

Im Unterschied zu Personenunternehmen sind die Gehälter von im Unternehmen beschäftigten Gesellschaftern bei der GmbH Aufwände und damit gewinnmindernd.

Diese Gehälter werden daher *nicht* auf Ebene der GmbH besteuert, sondern nur als persönliches Einkommen mit Einkommensteuer zuzüglich Solidaritätszuschlag belegt.

Sven zahlt sich aus seiner Personalberatungs-GmbH seinen Unternehmerlohn als Geschäftsführungsgehalt in Höhe von 50.000 Euro aus, auf das die GmbH die Lohnsteuer als Vorauszahlung der Einkommensteuer abführt *(siehe Rechnung 3)*.

Rechnung 3: Besteuerung von Gehaltszahlungen in der GmbH

Svens GmbH erzielt die gleichen Erträge vor Gehalt und Steuern wie auch Claudias Personenunternehmen: 50.000 Euro im Vorjahr, 100.000 Euro im aktuellen Jahr und 200.000 Euro im nächsten Jahr. Sein Geschäftsführergehalt beträgt 50.000 Euro.

		Jahr -1	**Jahr 0**	**Jahr +1**
	Gewinn vor Gehalt und Steuern	50.000 €	100.000 €	200.000 €
–	Geschäftsführungsgehalt	50.000 €	50.000 €	50.000 €
=	**Gewinn vor Steuern**	**0 €**	**50.000 €**	**150.000**
	Geschäftsführungsgehalt	**50.000 €**	**50.000 €**	**50.000 €**
–	Werbungskostenpauschale	1.000 €	1.000 €	1.000 €
	Zu versteuerndes Gehalt	**49.000 €**	**49.000 €**	**49.000 €**
–	Festzusetzende Einkommensteuer	11.502 €	11.502 €	11.502 €
–	Festzusetzender Solidaritätszuschlag	0 €	0 €	0 €
=	**Einkommensteuer (inkl. SolZ)**	**11.502 €**	**11.502 €**	**11.502 €**
=	**Gehalt nach Steuern**	**38.498 €**	**38.498 €**	**38.498 €**
	Steuerquote Einkommensteuer	*23,0%*	*23,0%*	*23,0%*

Im Vergleich zur Einzelunternehmerin Claudia, die den vollen Gewinn in Höhe von 100.000 Euro als persönliches Einkommen zu versteuern hat *(siehe Rechnung 2 auf Seite 30)*, muss Sven nur sein Gehalt in Höhe von 50.000 Euro als Einkommen persönlich versteuern.

Besteuerung von thesaurierten Gewinnen

Der nach Abzug der Gehälter verbleibende Gewinn wird auf Ebene der GmbH mit Gewerbesteuer und Körperschaftsteuer von zusammen etwa 30 % belegt *(siehe Rechnung 4)*.

Rechnung 4: Besteuerung auf Ebene der GmbH

Am Beispiel von Svens GmbH sieht die Besteuerung durch Gewerbe- und Körperschaftsteuer in der GmbH folgendermaßen aus:

		Jahr -1	**Jahr 0**	**Jahr +1**
	Gewinn vor Gehalt und Steuern	50.000 €	100.000 €	200.000 €
–	Geschäftsführungsgehalt	50.000 €	50.000 €	50.000 €
=	**Gewinn vor Steuern**	**0 €**	**50.000 €**	**150.000 €**
–	Gewerbesteuer	0 €	7.000 €	21.000 €
–	Körperschaftsteuer (inkl. SolZ)	0 €	7.913 €	23.738 €
=	**Gewinn nach Steuern**	**0 €**	**35.088 €**	**105.263 €**
	Steuerquote GmbH-Ebene	*0,0%*	*29,8%*	*29,8%*

Zum besseren Verständnis beider Steuerarten beleuchte ich die Gewerbesteuer und die Körperschaftsteuer folgend im Detail.

Gewerbesteuer in der GmbH

Anders als bei Personenunternehmen gibt es bei Kapitalgesellschaften bei der Gewerbesteuer keinen Freibetrag.

Wie bei den Personenunternehmen hergeleitet, liegt die Gewerbesteuer in Deutschland durchschnittlich bei etwa 14% *(siehe Tabelle 1, Seite 25).*

Rechnung 5: Ermittlung der Gewerbesteuer in der GmbH

Svens GmbH zahlt nach Abzug von Svens Geschäftsführungsgehalt auf den Gewinn vor Steuern eine Gewerbesteuer in Höhe von 14%.

		Jahr -1	Jahr 0	Jahr +1
	Gewinn vor Gehalt und Steuern	50.000 €	100.000 €	200.000 €
–	Geschäftsführungsgehalt	50.000 €	50.000 €	50.000 €
=	**Gewinn vor Steuern**	**0 €**	**50.000 €**	**150.000 €**
	Gewerbeertrag	**0 €**	**50.000 €**	**150.000 €**
–	Gewerbesteuerfreibetrag	0 €	0 €	0 €
=	**Steuerpflichtiger Gewerbeertrag**	**0 €**	**50.000 €**	**150.000 €**
×	Gewerbesteuermessbetrag	3,50%	3,50%	3,50%
×	Gewerbesteuerhebesatz	400%	400%	400%
=	**Gewerbesteuer**	**0 €**	**7.000 €**	**21.000 €**
	Gewerbesteuerquote	*0%*	*14%*	*14%*

Durch das Trennungsprinzip ist das Gehalt an Geschäftsführer Sven für die GmbH ein Aufwand. Im Vorjahr hatte Sven sich den kompletten erwirtschafteten Unternehmensertrag als Geschäftsführergehalt ausgezahlt; für die GmbH reduzierte sich damit der zu versteuernde Ertrag auf null *(siehe Rechnung 5).*

Körperschaftsteuer

Die Körperschaftsteuer ist die Entsprechung der Einkommensteuer auf Ebene der Kapitalgesellschaft.

Im Unterschied zur ansteigenden Grenzbesteuerung bei der persönlichen Einkommensteuer gibt es bei der Körperschaftsteuer einen fixen Steuersatz von 15% ohne Freibetrag[9]. Dazu kommt der Solidaritätszuschlag in Höhe von 5,5% bezogen auf die Körperschaftsteuer[10] *(siehe Rechnung 6).*

Inklusive Soli beträgt die Belastung durch die Körperschaftsteuer damit knapp 16% (es sind 15,825%, um genau zu sein).

Rechnung 6: Ermittlung der Körperschaftsteuer in der GmbH

Svens GmbH zahlt auf den Gewinn vor Steuern die Körperschaftsteuer in Höhe von knapp 16%.

		Jahr -1	**Jahr 0**	**Jahr +1**
	Gewinn vor Gehalt und Steuern	50.000 €	100.000 €	200.000 €
–	Geschäftsführungsgehalt	50.000 €	50.000 €	50.000 €
=	**Gewinn vor Steuern**	**0 €**	**50.000 €**	**150.000 €**
	Körperschaftsteuerertrag	**0 €**	**50.000 €**	**150.000 €**
–	Festzusetzende Körperschaftsteuer	0 €	7.500 €	22.500 €
–	Festzusetzender Solidaritätszuschlag	0 €	413 €	1.238 €
=	**Körperschaftsteuer (inkl. SolZ)**	**0 €**	**7.913 €**	**23.738 €**
	Körperschaftsteuerquote	*0%*	*15,825%*	*15,825%*

Gewerbesteuer (durchschnittlich 14%) und Körperschaftsteuer (16%) zusammengerechnet ergeben eine Steuerquote von 30% auf Ebene der GmbH. Aus 100% Unternehmensgewinn vor Steuern werden 70% nach Steuern.

Werden die Gewinne im Unternehmen belassen (thesauriert) und nicht ausgeschüttet, fallen keine weiteren Ertragsteuern an. Nur ausge-

---

[9] Körperschaftsteuergesetz (KStG) § 23 – Steuersatz

[10] Auf die Körperschaftsteuer wird der Solidaritätszuschlag auch nach Eintreten des „Gesetzes zur Rückführung des Solidaritätszuschlags 1995" voll erhoben.

schüttete Gewinne werden dann noch einmal auf persönlicher Ebene der Gesellschafter besteuert – und zwar mit der Abgeltungssteuer oder nach dem Teileinkünfteverfahren. Beide werde ich weiter unten genauer erläutern.

Besteuerung von ausgeschütteten Gewinnen

Nach Erstellung des Jahresabschlusses und der Jahressteuererklärungen beschließt die Gesellschaftsversammlung der GmbH über die Verwendung der Gewinne.

An Gesellschafterinnen und Gesellschafter ausgeschüttete Gewinne, auch Dividenden genannt, sind Einkünfte aus Kapitalvermögen und werden mit der Abgeltungssteuer in Höhe von 25% belegt. Zuzüglich des Solidaritätszuschlages in Höhe von 5,5% auf die Abgeltungssteuer[11] liegt die Besteuerung damit bei 26,375%.

Der Werbungskostenabzug bei der Abgeltungssteuer ist auf den Sparer-Pauschbetrag in Höhe von 801 Euro bzw. 1.602 Euro begrenzt.

Ausgeschüttete Gewinne werden doppelt besteuert: Nach Besteuerung auf Ebene der GmbH in Höhe von 30% wird jeder nicht thesaurierte, sondern an Gesellschafter ausgeschüttete Euro, zusätzlich mit ca. 26% Abgeltungssteuer belegt. Von 100 Euro Gewinn bleiben nach 30% Steuern auf GmbH-Ebene noch 70 Euro, von denen dann nach 26% Besteuerung bei Ausschüttung noch 52 Euro bei den Gesellschaftern ankommen. **Die Gesamtsteuerquote der GmbH für ausgeschüttete Gewinne liegt damit bei rund 48%.**

Am Beispiel von Sven in *Rechnung 7* verbleiben von 50.000 Euro Ertrag vor Steuern nach doppelter Besteuerung noch knapp über 26.044 Euro, ca. 52% des ursprünglichen Ertrags.

---

[11] Auf die Abgeltungssteuer wird der Solidaritätszuschlag weiterhin voll erhoben

Personenunternehmerin Claudia erreicht einen ähnlich hohen Steuersatz erst ab einem Einkommen von über 275.000 Euro: Erst dann müsste sie jeden weiteren Euro in Höhe von 47,25% versteuern (45% Reichensteuersatz plus Solidaritätszuschlag ergeben 47,25%).

Rechnung 7: Abgeltungssteuer auf Gewinnausschüttungen der GmbH

Die folgende Rechnung zeigt die Besteuerung auf Ebene der GmbH und nachfolgend der Dividende für den Fall, dass die GmbH den Gewinn vollständig ausschüttet.

		Jahr -1	Jahr 0	Jahr +1
	Gewinn vor Gehalt und Steuern	50.000 €	100.000 €	200.000 €
–	Geschäftsführungsgehalt	50.000 €	50.000 €	50.000 €
=	**Gewinn vor Steuern**	**0 €**	**50.000 €**	**150.000 €**
–	Gewerbesteuer	0 €	7.000 €	21.000 €
–	Körperschaftsteuer (inkl. SolZ)	0 €	7.913 €	23.738 €
=	**Gewinn nach Steuern**	**0 €**	**35.088 €**	**105.263 €**
	Steuerquote GmbH-Ebene	*0,0%*	*29,8%*	*29,8%*
	Dividende: 100%	**0 €**	**35.088 €**	**105.263 €**
–	Sparer-Pauschbetrag	801 €	801 €	801 €
=	**Zu versteuernde Dividende**	**0 €**	**34.287 €**	**104.462 €**
–	Abgeltungssteuer (25%)	0 €	8.572 €	26.115 €
–	Solidaritätszuschlag (5,5%)	0 €	471 €	1.436 €
=	**Abgeltungssteuer (inkl. SolZ)**	**0 €**	**9.043 €**	**27.552 €**
=	**Dividende nach Steuern**	**0 €**	**26.044 €**	**77.711 €**
	Steuerquote Abgeltungssteuer	*0,0%*	*25,8%*	*26,2%*
	Steuerquote GmbH gesamt	***0,0%***	***47,9%***	***48,2%***

Wenn du zu mindestens 25 % an der GmbH beteiligt bist oder du zu wenigstens 1% beteiligt bist und du für die GmbH arbeitest[12], kann auch die Besteuerung der Dividenden nach dem Teileinkünfteverfahren statt der Abgeltungssteuer angewandt werden *(siehe Exkurs)*. Auf Antrag kannst du das Finanzamt eine Günstigerprüfung durchführen lassen[13]. Dann wird die für dich günstigere Variante angewandt.

Da Abgeltungssteuer und Teileinkünfteverfahren in ähnlicher Höhe sind und das Teileinkünfteverfahren sehr stark von den individuellen Vermögensumständen abhängt, basieren die folgenden Herleitungen und Berechnungen ausschließlich auf der Anwendung der Abgeltungssteuer.

Exkurs: Teileinkünfteverfahren

Wie der Name schon sagt, wird beim Teileinkünfteverfahren nur ein Teil der Einkünfte, nämlich 60%, bei der Veranlagung der Einkommensteuer herangezogen. Die übrigen 40% der Einkünfte aus Dividenden und Veräußerungsgewinnen sind steuerfrei.

Da nur 60% der Dividenden und Veräußerungsgewinne mit maximal dem Spitzensteuersatz von 42% besteuert werden, liegt die Steuerbelastung beim Teileinkünfteverfahren bei maximal 25,2% (60% × 42%). Bei der Abgeltungssteuer liegt die Steuerquote inklusive des Solidaritätszuschlags bei 26,375%. Die *maximale* Steuerbelastung durch das Teileinkünfteverfahren ist damit in etwa so hoch wie der *fixe* Steuersatz der Abgeltungssteuer.

Im Unterschied zur Abgeltungssteuer können die Werbungskosten auch zu 60% angerechnet werden. Der Sparer-Pauschbetrag entfällt.

Je niedriger die Einkommen aus anderen Quellen oder je höher die Werbungskosten, z.B. durch Fremdkapitalzinsen, desto günstiger ist das Teileinkünfteverfahren im Vergleich zur Abgeltungssteuer.

---

[12] EStG § 32d – Einkünfte aus Kapitalvermögen – Abs. 2 Ziffer 3

[13] EStG § 32d – Einkünfte aus Kapitalvermögen – Abs. 4

Wie du mit der GmbH die Steuerlast minimierst

Auf Basis der vorangegangenen zwei Kapitel können wir die Besteuerung von Personenunternehmen und GmbHs nun gegenüberstellen und vergleichen.

Während bei Personenunternehmen alle Unternehmenserträge unabhängig von der Verwendung als persönliches Einkommen der Unternehmer*innen besteuert werden, hängt bei der GmbH die Besteuerung von der Verwendung der erwirtschafteten Erträge ab.

Für eine sinnvolle Vergleichsbasis für die Besteuerung von Personenunternehmen und GmbHs sollten wir uns folglich mit der bestmöglichen Verwendung der Gewinne befassen. Welche Aufgaben sollen die Gewinne erfüllen? Die Beantwortung dieser Frage ist vollkommen unabhängig von der Rechtsform.

Gewinn zur Deckung der Lebenshaltungskosten

Die oberste Aufgabe deines Unternehmens ist es, dich als Unternehmer*in zu ernähren: Dein Unternehmen muss in erster Linie deinen Lebensunterhalt finanzieren.

Als Erstes entnimmst du daher den Anteil des Gewinns, den du zur Deckung der Kosten deiner privaten Lebensführung benötigst. Das schließt nicht nur alle lebensnotwendigen Ausgaben ein, sondern auch alles, was du für deinen persönlichen Lebensstandard brauchst.

Erst wenn du darüberhinausgehende Gewinne erwirtschaftest, kannst du über die weitere Gewinnverwendung entscheiden.

Falls du über persönliches Einkommen aus anderen Quellen verfügst, etwa Mieteinkünfte oder Dividenden, brauchst du aus deinem Unternehmen natürlich nur noch so viel, wie dir zur Deckung deiner Kosten fehlt.

Ob als Privatentnahme im Personenunternehmen oder als Gehalt in der GmbH, die zur Deckung deiner Lebenshaltungskosten benötigten Mittel werden bei dir persönlich als Einkommen besteuert. Die Wahl der Rechtsform hat hier demnach keinen steuerlichen Einfluss.

Gewinn zur Stärkung des Unternehmens

Zweitens sollte im Unternehmen genügend Kapital verbleiben, um auch die künftige Ertragsfähigkeit zu sichern.

Gewinnrücklagen erhöhen die Eigenkapitalquote, stärken die Liquiditätsreserve und schaffen Spielraum für künftige Investitionen. Die Höhe der Gewinnrücklagen hängt von der aktuellen betriebswirtschaftlichen Situation, dem Marktumfeld und den geplanten Vorhaben ab.

Eine hilfreiche Faustformel besagt, dass Unternehmen über eine Liquiditätsreserve von wenigstens sechs Monaten verfügen sollten: Die liquiden Mittel – die Summe aus Barmitteln und kurzfristigen Forderungen – sollten ausreichen, um die fixen Kosten wenigstens sechs Monate zu decken. Solange die Liquiditätsreserve nicht ausreichend hoch ist, sollten die Gewinne in die Gewinnrücklagen fließen. Das Jahr 2020 mit dem Corona-Lockdown hat die Bedeutung einer gesunden Liquiditätsreserve aufgezeigt.

Welchen Einfluss hat die Rechtsformwahl auf die im Unternehmen verbleibenden Gewinne? In der GmbH liegt die Steuerquote auf thesaurierte Gewinne bei 30%. Bei Personenunternehmen wird steuerlich nicht zwischen Person und Unternehmen unterschieden. Daher werden auch die im Unternehmen verbleibenden Gewinne bei dir als Unternehmer*in voll als Einkommen besteuert.

Bis zu einem Einkommen von 30.000 Euro liegt der persönliche Grenzsteuersatz der Einkommensteuer unter dem Steuersatz der GmbH in Höhe von 30% *(siehe Abbildung 3).* **Die ersten 30.000 Euro Gewinn sollten also besser persönlich versteuert werden statt in der GmbH.** Da deine Lebenshaltungskosten vermutlich darüber liegen, wirst du das sowieso tun, als Unternehmerlohn oder Geschäftsführungsgehalt.

Abbildung 3: Grenzsteuersatz der Einkommensteuer im Vergleich zur Steuerquote der GmbH

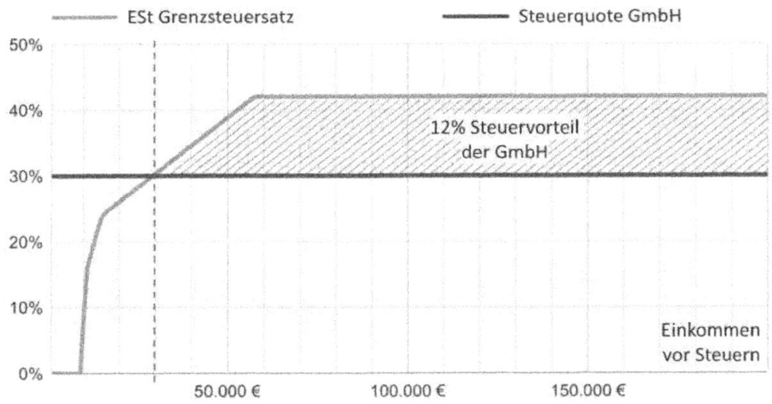

Bei einem Unternehmensgewinn von 30.000 Euro pro Jahr (vor Entnahme für private Lebensführung), übersteigt dein persönlicher Grenzsteuersatz die Marke von 30% – und damit die Steuerquote für GmbHs. Bei einem höheren Unternehmensgewinn wird der Gewinn im Personenunternehmen demzufolge höher besteuert als in der GmbH.

Für jeden Euro Unternehmensgewinn über 57.919 Euro ist die Steuerquote bei der GmbH sogar um 12 Prozentpunkte niedriger als bei Personenunternehmen (30% in der GmbH statt Grenzbesteuerung im Spitzensteuersatz von 42%).

Gewinn zur Vermögensmehrung

Du hast nur den Gewinnanteil zur freien Verfügung, den du weder zur privaten Lebensführung, noch zur Stärkung deines Unternehmens benötigst.

Erst wenn du genügend Gewinn erwirtschaftest, dass nach Erfüllung der beiden ersten Aufgaben noch Gewinn übrig ist, kannst du wirklich frei über diesen Gewinn entscheiden.

Da du Unternehmer*in bist, wage ich eine Vermutung, was du mit diesem frei verfügbaren Gewinn machst. Ich vermute, dass du diesen Gewinn anlegst oder investierst mit dem Ziel einer vernünftigen Kapitalrendite. Schließlich möchtest du doch sicher auch dieses Geld produktiv einsetzen, um dein Vermögen zu mehren. Dabei ist es an dieser Stelle erst einmal unerheblich, wie du dein Vermögen investierst. Zu diesem Thema komme ich im dritten Steuerhebel ab *Seite 115*.

Als Personenunternehmer*in kannst du die Besteuerung auf diesen Gewinnanteil nicht beeinflussen. Du kannst diesen Gewinnanteil erst nach Einkommensbesteuerung zum Vermögensaufbau investieren.

In der GmbH hingegen kannst du per Gesellschaftsbeschluss die Steuern steuern. Du hast dabei drei Optionen:

1) Du belässt den Gewinnanteil in der GmbH und investierst nach einer Besteuerung in Höhe von 30% in den Vermögensaufbau *(siehe Besteuerung von thesaurierten Gewinnen ab Seite 33)*.
2) Du entnimmst den Gewinnanteil als höheres Gehalt und investierst in den Vermögensaufbau wie Personenunternehmer*innen nach Besteuerung im Einkommen *(siehe Besteuerung von Gehältern ab Seite 32)*.
3) Du schüttest den Gewinnanteil als Dividende aus und investierst nach einer Gesamtbesteuerung von 48% in den Vermögensaufbau – nach Besteuerung auf Ebene der GmbH und nach Abzug der Abgeltungssteuer *(siehe Besteuerung von ausgeschütteten Gewinnen ab Seite 36)*.

Option 3 können wir schnell ausschließen. Eine Steuerquote von 48% ist höher als eine Besteuerung im Spitzensteuersatz und sogar höher als der Reichensteuersatz von 45%.

Option 2 ist auch nicht sonderlich attraktiv. Beträgt dein Gehalt zur Deckung deiner Lebenshaltungskosten schon wenigstens 30.000 Euro jährlich, wird jede Gehaltserhöhung mit einem Grenzsteuersatz der Einkommensteuer von über 30% versteuert und liegt damit über der Steuerquote der GmbH in Option 1. Bei einem Gehalt von über 58.597 Euro, wird bei Option 2 jeder zusätzliche Euro im Spitzensteuersatz mit 42% besteuert. Das sind 12 Prozentpunkte mehr als die 30% Steuern bei Option 1.

Im Umkehrschluss bedeutet das, dass du bei Option 1 – bei Thesaurierung des Gewinns in der GmbH – bis zu 20% mehr investierbares Kapital hast, als wenn du es in Option 2 im Personenunternehmen persönlich oder als Gehalt versteuert hättest.

Das mag auf den ersten Blick verwundern, lässt sich aber leicht nachvollziehen. Von 100 Euro vor Steuern verbleiben in der GmbH nach 30% Steuern noch 70% zum Investieren, also 70 Euro. Hättest du die 100 Euro wie bei Option 2 persönlich versteuert – ich gehe jetzt einfach mal vom Spitzensteuersatz aus – dann blieben dir nach Abzug von 42% Steuern nur 58 Euro zum Investieren. 70 Euro in der GmbH sind 20% mehr als 58 Euro nach persönlicher Versteuerung.

20% mehr investierbares Kapital in der GmbH bedeutet einen Investitionsvorsprung von fünf Jahren im Vergleich zum Personenunternehmen! Du müsstest demnach als Personenunternehmer*in mit deinen Investitionen fünf Jahre lang eine durchschnittliche Rendite von 4% erreichen, um auf ein investierbares Vermögen zu kommen, das du in einer GmbH nur durch den Steuervorteil hättest.

Die Schlussfolgerung ist eindeutig: Für eine möglichst geringe Besteuerung solltest du aus einer GmbH heraus in deinen Vermögensaufbau investieren und nicht aus dem höher versteuerten Privatvermögen *(siehe Rechnung 8).*

Rechnung 8: Besteuerung der GmbH bei vollständiger Thesaurierung

Sven hat erkannt, dass er die Gewinne in der GmbH thesaurieren und nicht ausschütten sollte.

Sein Geschäftsführergehalt in Höhe von 50.000 Euro jährlich reicht aus, seine Lebenshaltungskosten zu decken. *Rechnung 4* auf *Seite 33* beschreibt die Besteuerung der Gewinne auf Ebene der GmbH. Zusammengefasst sieht das so aus:

	Sven – Ebene der GmbH	**Jahr -1**	**Jahr 0**	**Jahr +1**
	Gewinn vor Gehalt und Steuern	50.000 €	100.000 €	200.000 €
–	Geschäftsführungsgehalt	50.000 €	50.000 €	50.000 €
=	**Gewinn vor Steuern**	**0 €**	**50.000 €**	**150.000 €**
–	GewSt + KSt (inkl. SolZ)	0 €	14.913 €	44.738 €
=	**Gewinn nach Steuern**	**0 €**	**35.088 €**	**105.263 €**

Rechnung 3 auf *Seite 32* zeigt die Besteuerung des Geschäftsführungsgehaltes als Svens persönliches Einkommen.

	Sven – Persönliche Ebene	**Jahr -1**	**Jahr 0**	**Jahr +1**
	Geschäftsführungsgehalt	**50.000 €**	**50.000 €**	**50.000 €**
–	Einkommensteuer	11.502 €	11.502 €	11.502 €
=	**Gehalt nach Steuern**	**38.498 €**	**38.498 €**	**38.498 €**

Bei einem Geschäftsführungsgehalt von 50.000 Euro sieht die Steuerlast für Sven auf Ebene der GmbH und auf persönlicher Ebene so aus:

	Sven – Gesamtbesteuerung	**Jahr -1**	**Jahr 0**	**Jahr +1**
	Gewinn vor Gehalt und Steuern	**50.000 €**	**100.000 €**	**200.000 €**
	Steuern GmbH	0 €	14.913 €	44.738 €
+	Steuern persönlich	11.502 €	11.502 €	11.502 €
=	**Summe Steuern**	**11.502 €**	**26.415 €**	**56.240 €**
	Gesamtsteuerquote	*23,0 %*	*26,4 %*	*28,1 %*

Rekapitulieren wir die Besteuerung der drei Gewinnanteile:

1) Beim zur Deckung deines privaten Lebensunterhalts benötigten Gewinnanteils ist die Besteuerung bei Personenunternehmen und GmbHs gleich.

2) Beim für die weitere Unternehmensentwicklung benötigten Gewinnanteil ist die Steuerquote im Personenunternehmen ab einem Gewinn über 30.000 Euro (einschließlich der Lebenshaltungskosten) höher als in der GmbH.

3) Beim Gewinnanteil zur freien Verfügung ist die Steuerquote in der GmbH auf 30% gedeckelt, während die Steuerquote im Personenunternehmen im Spitzensteuersatz auf 42% steigt (ab einem Gewinn von 58.597 Euro bzw. Reichensteuersatz von 45% ab einem Gewinn von 277.826 Euro).

Daraus folgt: Je höher das Einkommen, desto größer ist der Steuervorteil der GmbH gegenüber Personenunternehmen, solange die Gewinne nicht ausgeschüttet werden *(siehe Abbildung 4).*

Abbildung 4: Verlauf der Steuerquoten bei Personenunternehmen und Kapitalgesellschaften in Abhängigkeit des Gewinns

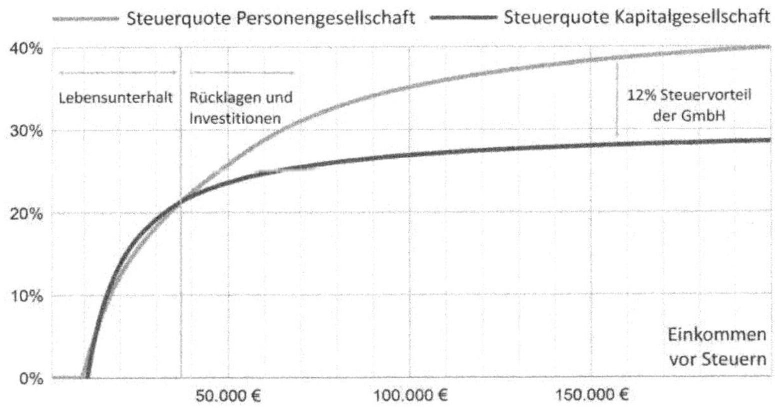

Der Steuervorteil der GmbH wird sehr deutlich, wenn wir die Besteuerung von Claudias Einzelunternehmen mit der von Svens GmbH vergleichen wie in *Rechnung 9*.

Rechnung 9: Vergleich der Besteuerung von Personenunternehmen und GmbH

Claudia hat keine Möglichkeiten, die Besteuerung zu beeinflussen. Bei ihr werden die Gewinne besteuert wie in *Rechnung* 2 auf *Seite 30* dargestellt. Zusammengefasst sieht das so aus:

	Claudia	**Jahr -1**	**Jahr 0**	**Jahr +1**
	Gewinn vor Steuern	**50.000 €**	**100.000 €**	**200.000 €**
–	Gewerbesteuer	3.570 €	10.570 €	24.570 €
–	Einkommensteuer (inkl. SolZ)	8.314 €	23.381 €	52.921 €
=	**Gewinn nach Steuern**	**38.116 €**	**66.049 €**	**122.509 €**
	Steuerquote	*23,8 %*	*34,0 %*	*38,7 %*

Der Vergleich von Claudias Steuerlast mit der von Sven (bei einem Geschäftsführungsgehalt von 50.000 Euro) zeigt deutlich den Steuervorteil der GmbH. Da Claudia mit zunehmendem Gewinn einen immer höheren Gewinnanteil im Spitzensteuersatz versteuert, nimmt der Steuervorteil der GmbH bei höheren Gewinnen noch zu.

	Jahr -1	**Jahr 0**	**Jahr +1**
Gewinn vor Gehalt und Steuern	**50.000 €**	**100.000 €**	**200.000 €**
Claudias Steuerlast	11.884 €	33.951 €	77.491 €
Svens Steuerlast	11.502 €	26.415 €	56.240 €
Svens Vorteil in der GmbH	**382 €**	**7.536 €**	**21.251 €**
Svens Vorteil in % des Gewinns	***0,8 %***	***7,5 %***	***10,6 %***

Im Sinne einer niedrigeren Besteuerung und höheren Vermögensbildung ist die GmbH gegenüber dem Personenunternehmen der klare Gewinner.

Unternehmergold-Tipp:

Auf www.unternehmergold.de/steuern-bonus kannst du einen Excel-Steuerrechner herunterladen, mit dem du die Berechnungen an deinem Beispiel durchführen kannst – für deinen ganz persönlichen Steuervergleich.

Fragst du dich nun, wie du die Gewinne für persönliche Zwecke verwenden und in den Vermögensaufbau investieren kannst, wenn die Gewinne in der GmbH verbleiben? Die kurze Antwort lautet: über eine Holding. Die ausführliche Antwort darauf folgt in Form des zweiten Steuerhebels ab *Seite 61*.

Wie dir die GmbH größere Flexibilität bietet

Im Unterschied zu Personenunternehmen haben Unternehmerinnen und Unternehmer in der GmbH mehrere Möglichkeiten, dem Unternehmen Liquidität (also Barmittel) zu entziehen.

Viele Personenunternehmer*innen schätzen es, dass sie abhängig von der Wirtschaftslage ihres Unternehmens flexibel entscheiden können, wie viel Kapital sie dem Unternehmen als Unternehmerlohn entnehmen.

In meinen Augen ist das jedoch eine vermeintliche Flexibilität, da bei einem Personenunternehmen jegliches Einkommen sofort versteuert wird, unabhängig davon, ob es als Unternehmerlohn entnommen wird oder nicht.

Die GmbH wird meist als unflexibler dargestellt, weil die Gehälter nicht so einfach entsprechend der Unternehmensentwicklung angepasst werden können. Aber ganz im Gegenteil, die GmbH bietet große Flexibilität.

Du kannst als GmbH-Unternehmer*in neben Gehalt und Gewinnausschüttungen auch Darlehen mit der GmbH vereinbaren. Wenn du privat liquide Mittel brauchst, kann dir die GmbH ein Darlehen gewähren. Das muss natürlich mit der Gesellschaftssatzung konform sein und es sollte entsprechende Gesellschaftsbeschlüsse geben.

Dabei solltest du jedoch auf ein paar Grundsätze achtgeben. Alle Vereinbarungen zwischen dir und der GmbH sollten im Rahmen des Fremdüblichen sein. Wie das genau funktioniert, erfährst du im dritten Steuerhebel ab Seite 97).

Wie hoch die Kosten der GmbH sind

Als Vorzüge von Personenunternehmen werden oft die geringeren Kosten und administrativen Anforderungen genannt.

Kosten und Aufwand der GmbH sind aber im Vergleich zu den Vorteilen nicht hoch – in der Regel nicht mehr als 1.000 Euro in der Gründung und 100 Euro pro Monat im Unterhalt.

Personenunternehmen haben in der Tat geringere gesetzliche Anforderungen als Kapitalgesellschaften. Zur Gründung reichen Anmeldungen beim Gewerbeamt und beim Finanzamt. Die Gewerbeanmeldung kostet in Berlin beispielsweise 15 Euro. Mehr muss die Gründung eines Personenunternehmens nicht kosten.

Für die Steuererklärungen von kleinen Personenunternehmen reicht eine einfache Einnahmen-Überschuss-Rechnung, für die es im Internet sehr gute Excel-Vorlagen gibt. Da letztlich wirklich nur die Einnahmen und Ausgaben aufgelistet und aufgerechnet werden, braucht es dafür nicht unbedingt die Unterstützung einer Steuerberatung.

Aber schon einem Jahresumsatz von 600.000 Euro oder einem Jahresgewinn von 60.000 Euro (inklusive Unternehmerlohn) sind auch Personenunternehmen zur Bilanzierung und Erstellung eines Jahresabschlusses verpflichtet[14], was in der Regel die Hilfe einer Steuerberatung erfordert. Diese Hürde hast du oder wirst du hoffentlich schnell überspringen und dann ist der Vorteil eines Personenunternehmens obsolet.

Die Gründung einer GmbH erfordert neben den Anmeldungen beim Gewerbeamt und Finanzamt noch die notarielle Beurkundung und die Anmeldung beim Handelsregister. Das Stammkapital der GmbH beträgt wenigstens 25.000 Euro, wovon die Hälfte sofort eingebracht werden muss. Das Stammkapital ist aber nicht geblockt,

[14] Abgabenordung (AO) §141 – Buchführungspflicht

sondern steht der GmbH zur freien Verfügung. Es darf nur nicht an die Gesellschafter ausgeschüttet oder von diesen entnommen werden. Davon können dann beispielsweise auch die **Gründungskosten der GmbH für Notariat und Handelsregister in Höhe von ca. 1.000 Euro beglichen werden.**

Auch die Anforderungen an Buchhaltung und Bilanzierung sind nicht so hoch, wie es vor der Gründung noch erscheinen mag. **Ein Richtwert für die Grundkosten der GmbH für Buchhaltung, Erstellung des Jahresabschlusses und der Jahressteuererklärungen sind ca. 1.000 Euro pro Jahr.** Das sind weniger als 100 Euro pro Monat. Erst wenn der Geschäftsumfang zunimmt, steigen auch die Kosten.

Ab wann lohnt sich die GmbH finanziell? Sobald der Steuervorteil der GmbH in Höhe von 12% die zusätzlichen Kosten in Höhe von 1.000 Euro übersteigen. Das ist ab einem jährlichen Gewinn (nach Abzug des Unternehmerlohns) von ungefähr 10.000 Euro der Fall.

Die GmbH zwingt dich früh zu professionalisieren. Die höheren Anforderungen an Buchhaltung und Bilanzierung bei der GmbH sind kein reiner Selbstzweck, sondern entsprechen einem erhöhten Professionalisierungsgrad, um die zunehmende Komplexität bei höheren Umsätzen zu beherrschen.

Wann ein Personenunternehmen sinnvoll sein kann

Die GmbH ist für mich kein Dogma. Es gibt durchaus Situationen, in denen ein Personenunternehmen sinnvoll sein kann.

Welche Situationen das sind, können wir aus den vorhergehenden Betrachtungen ableiten. Der große Vorteil der GmbH ist die Begrenzung der Haftung auf das GmbH-Vermögen *(siehe Die GmbH schützt dein Privatvermögen, Seite 19)*.

Wenn es aber bei deiner Unternehmung keine Haftungsrisiken gibt oder diese überschaubar sind und durch Versicherungen verlässlich abgedeckt werden können, dann brauchst du die Haftungsbegrenzung der GmbH nicht.

Der zweite große Vorteil der GmbH ist die geringere Besteuerung *(siehe Wie du mit der GmbH die Steuerlast minimierst ab Seite 39)*. Der Steuervorteil in der GmbH ergibt sich aber erst, wenn du mehr Gewinn erwirtschaftest, als du zur Deckung deiner Lebenshaltungskosten benötigst. Den Gewinnanteil zur Deckung deiner Lebenshaltungskosten entnimmst du als Unternehmerlohn oder Gehalt dem Unternehmen – dieser Gewinnanteil wird bei Personenunternehmen und GmbH gleich besteuert.

Wenn du nicht planst, mehr als 10.000 Euro mehr Gewinn pro Jahr zu erwirtschaften als du zum Leben brauchst, bringt dir der Steuervorteil der GmbH nichts.

Für Unternehmungen ohne Haftungsrisiken und mit niedrigen Gewinnen kann auch ein Personenunternehmen als Rechtsform sinnvoll sein.

In allen anderen Fällen empfehle ich die GmbH.

Welche Wege zur GmbH führen

Wenn du die GmbH als passende Rechtsform für dein Unternehmen erkannt hast, stellt sich für dich die Frage, wie du zur GmbH kommst? Die Antwort hängt in erster Linie von deinem aktuellen Standpunkt ab.

Wenn du vor der Gründung stehst, hast du folgende Optionen:

1) Direkte Gründung der GmbH
2) Gründung einer UG, die dann zur GmbH wird
3) Gründung eines Personenunternehmens und spätere Umwandlung zur GmbH

Hast du schon ein Personenunternehmen gegründet, bleibt dir nur der Schritt der Umwandlung zur GmbH.

Gründung der GmbH

Als Alleingründer*in kannst du direkt zum Notariat gehen und mit der Mustersatzung als Gesellschaftsvertrag gründen. Da du die GmbH allein kontrollierst, braucht es keine besonderen Bestimmungen in der Satzung. Falls du später neue Gesellschafter aufnimmst, kann die Satzung dann angepasst werden. Da die Aufnahme neuer Gesellschafter, beispielsweise über eine Kapitalerhöhung, in jedem Fall die notarielle Beurkundung erfordert, kann eine Satzungsänderung meist ohne zusätzliche Kosten vorgenommen werden.

Wenn zusammen mit anderen gründest, dann regelt ihr über den Gesellschaftsvertrag, welche Rechte und Pflichten gelten sollen. Dabei ist empfehlenswert eine professionelle anwaltliche Beratung hinzuzuziehen.

Weil es bei den meisten Personenunternehmen keine Anforderungen an den Gesellschaftsvertrag gibt, überspringen die Gründenden allzu oft den Schritt, die gemeinsamen Spielregeln festzulegen. Wenn die jeweiligen Vorstellungen nicht vor der Gründung offengelegt und abgestimmt werden, ist das spätere Konfliktpotenzial groß.

Bei der GmbH ist eine Satzung als Gesellschaftsvertrag zwingend vorgeschrieben. Dadurch werden die Gründenden gezwungen, sich mit den internen Regelungen auseinanderzusetzen. **Daher betrachte ich die Kosten für eine Rechtsberatung zur Erstellung eines Gesellschaftsvertrages allgemein als Gründungskosten, die bei jeder Rechtsform empfehlenswert wären – nicht speziell als Kosten der Gründung einer GmbH.**

Unternehmergold-Tipp:

Bei der Gründung von GmbH oder UG müssen viele Entscheidungen getroffen werden – einige davon lassen sich nur mit hohem Aufwand und Kosten später korrigieren.

Damit du dir nicht nötigen Informationen mühsam zusammensuchen musst und bei der Gründung die richtigen Entscheidungen triffst, habe ich das Buch „GmbH gründen“ geschrieben[15]. Das Buch ist eine Schritt-für-Schritt-Anleitung für die Gründung einer GmbH oder UG.

Über die UG zur GmbH

Mit der Einführung der Unternehmergesellschaft (haftungsbeschränkt), kurz UG, als kleine GmbH im Jahr 2008, wurde die Gründung einer Kapitalgesellschaft stark vereinfacht.

Die UG kann schon mit einer Stammeinlage von 1 Euro pro Gesellschafter gegründet werden. Da die Gründungskosten für notarielle Beurkundung und Eintragung ins Handelsregister bei ca. 500 Euro liegen, sollte das Stammkapital wenigstens 500 Euro betragen. Sonst wäre die UG schon in der Gründung überschuldet oder du müsstest die Gründungskosten selbst tragen.

[15] Weitere Informationen auf www.unternehmergold.de/gmbh-gruenden

Die UG ist verpflichtet, ein Viertel der Gewinne in die Rücklagen einzustellen, bis das Mindeststammkapital einer GmbH in Höhe von 25.000 Euro erreicht ist[16]. Ab dann ist die UG in ihrem Wesen schon eine GmbH, auch wenn sie noch nicht so heißt.

Um auch nach außen zu zeigen, dass drinnen eine GmbH steckt, muss die Gesellschaft noch umfirmieren, also die Namensendung von UG auf GmbH ändern. Für diese Umfirmierung muss eine Kapitalerhöhung vorgenommen werden, damit die volle Höhe des Stammkapitals auch nach außen sichtbar wird, und es muss die Satzung geändert werden. Kapitalerhöhung und Satzungsänderung erfordern eine notarielle Beurkundung. Änderung der Firma und aktuelle Gesellschafterliste müssen dann noch beim Handelsregister eingereicht werden. Die Kosten der Umfirmierung betragen ca. 500 Euro.

Die Gründungskosten der GmbH und die Gründungskosten der UG, zuzüglich der Kosten der späteren Umfirmierung, nehmen sich demnach nicht viel, beide Varianten kosten ungefähr 1.000 Euro.

Der große Vorteil der GmbH gegenüber der UG ist ihr höheres Ansehen. Schließlich muss die UG ja noch wachsen, um eine GmbH zu werden. **Meine Empfehlung lautet daher: Wer eine GmbH gründen kann, der sollte es auch tun.**

Die entscheidende Frage ist, ob genügend Stammkapital für eine GmbH-Gründung aufgebracht werden kann? Wenn nicht, bleibt nur die Gründung der UG mit späterer Umfirmierung.

Das ist ein guter Zeitpunkt, um einen Aspekt auszuführen, den ich bislang nur kurz erwähnt hatte. Das Stammkapital der GmbH muss zwar mindestens 25.000 Euro betragen, davon muss aber nur die Hälfte, also 12.500 Euro, für die Eintragung ins Handelsregister sofort eingebracht werden. Das restliche Stammkapital kann später eingezahlt werden. Bis das Stammkapital vollständig eingezahlt ist, haften die Gesellschafter anteilig ihres Gesellschaftsanteils für den fehlenden Betrag.

---

[16] GmbHG § 5a – Unternehmergesellschaft

Abbildung 5:
Entscheidungsbaum zur Gründung von UG oder GmbH

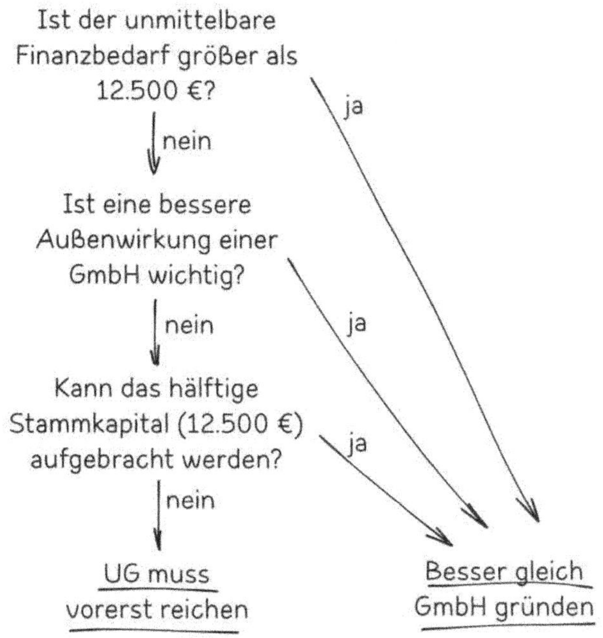

Aus meiner Sicht gibt es nur zwei Fälle, in denen der Umweg über die UG zu empfehlen ist:

1) Wenn das hälftige Stammkapital der GmbH in Höhe von 12.500 Euro nicht aufgebracht werden kann.
2) Wenn das Ansehen der Gesellschaft nicht so wichtig ist, etwa weil es keine Kundenkontakte gibt, wie bei einer Holding, und das Stammkapital anderswo gerade dringender benötigt wird.

Umwandlung zur GmbH

Soll ein Personenunternehmen zur GmbH umgewandelt werden, dann wird das gesamte Vermögen des Personenunternehmens gegen Gewährung von Anteilen an der zu diesem Zweck neu gegründeten GmbH übertragen.

Diese Übertragung kann in den meisten Fällen steuerneutral zum Buchwert erfolgen. Voraussetzung für die Steuerneutralität ist, dass außer der Gewährung von GmbH-Anteilen keine weiteren Gegenleistungen oder Zahlungen für die Vermögensübertragung erbracht werden[17]. Auch muss die Steuerberatung prüfen, ob das eingebrachte Vermögen alle Voraussetzungen für die Definition von Betrieb oder Teilbetrieb erfüllt. **Damit es später nicht zu Nachzahlungen kommt, solltest du unbedingt darauf bestehen, dass die Steuerberatung dafür haftet, dass die Betriebsdefinition in Ordnung ist.** Falls deine Steuerberatung versucht, sich vertraglich der Haftung zu entbinden, ist dies ein gutes Zeichen, dass du für die Umwandlung nicht bei der richtigen Steuerberatung bist. **Du solltest in jedem Fall eine Steuerberatung mit Fokus auf Umwandlungen beauftragen.**

Für Steuer- und Rechtsberatung sowie Notariat ist in Summe mit Kosten zwischen 8.000 und 10.000 Euro zu rechnen[18].

Die Umwandlung ist damit zwar steuerneutral, aber alles andere als günstig: Sie kostet in etwa so viel wie eine GmbH in den ersten sieben bis neun Jahren für Gründung und Unterhalt. Falls du noch nicht gegründet hast, solltest du also gut abwägen, ob dir die geringeren Startkosten eines Personenunternehmens die späteren Mehrkosten der Umwandlung wert sind.

Falls innerhalb von sieben Jahren nach der steuerneutralen Umwandlung ein Verkauf der erhaltenen GmbH-Anteile erfolgt, wird rückwirkend ein Einbringungsgewinn errechnet und besteuert. Dieser Einbringungsgewinn wird mit jedem Jahr nach der Umwandlung um ein Siebtel verringert und ist entsprechend nach sieben Jahren auf null gefallen.

---

[17] Tipke/Lang: „Steuerrecht", 23. Auflage, 2018, S. 890 ff.

[18] Bernhard Janssen: „Vom Einzelunternehmen in die GmbH", 2019, S. 28

Claudia hat sich entschieden: Sie will ihr Einzelunternehmen so schnell wie möglich in eine GmbH umwandeln. Sie hat von ihrer Steuerberatung erfahren, dass die Umwandlung bis zum 31. August eines Jahres rückwirkend zum 1. Januar vorgenommen werden kann. Durch den Steuervergleich mit Sven *(Rechnung 9, Seite 46)* hat sie gesehen, dass sie bei einem Gewinn vor Steuern von 100.000 Euro schon im laufenden Jahr mit der GmbH rund 7.500 Euro Steuern sparen kann. Der Steuervorteil der GmbH-Umwandlung deckt die Kosten also beinahe schon im ersten Jahr.

Unternehmergold-Tipp:

Auf www.unternehmergold.de/steuern-bonus kannst du dich der Unternehmergold-Umwandlungsgruppe anschließen. Ich begleite dich dann mit Wissen und Werkzeugen speziell für die Umwandlung und du profitierst vom Erfahrungsaustausch mit anderen Unternehmer*innen, die auch gerade den Weg vom Personenunternehmen zur GmbH gehen.

Schlussfolgerungen für die Gründung

Zu Beginn des Kapitels sind wir mit drei Optionen für die Wege zur GmbH gestartet:

1) Direkte Gründung der GmbH
2) Gründung einer UG, die dann zur GmbH wird
3) Gründung eines Personenunternehmens und spätere Umwandlung zur GmbH

Option 2 hatte ich auf *Seite 53* beleuchtet. Bleibt noch die Frage offen, wann die direkte Gründung der GmbH und wann die Gründung eines Personenunternehmens mit späterer Umwandlung zu bevorzugen ist?

Für den Start mit der sofortigen GmbH-Gründung spricht,

- wenn du direkt mit dem Start schon signifikante Haftungsrisiken siehst oder diese befürchtest;
- wenn du dir deines Geschäftserfolgs sicher genug für den Aufwand der GmbH-Gründung bist;
- wenn dir das höhere Renommee der GmbH in der Außendarstellung und Kundengewinnung hilft;
- wenn es sein kann, dass du innerhalb der ersten sieben Jahre nach Gründung Anteile an deinem Unternehmen verkaufst.

Unter Berücksichtigung der hohen Kosten der Umwandlung eines Personenunternehmens zur GmbH sehe ich diesen Weg für dich nur als geeignet an,

- wenn du jegliche Haftungsrisiken ausschließen kannst;
- wenn du eine zu große mentale Barriere vor einer GmbH hast, die dich von einer Gründung abhalten würde;
- wenn du dir deines Geschäftserfolgs noch sehr unsicher bist und du die Kosten der Gründung möglichst geringhalten möchtest, auch wenn das später zu höheren Kosten führen kann (aber dann halt nur im Erfolgsfall).

Zusammenfassung:
Die GmbH als beste Rechtsform

In diesem ersten Steuerhebel hast du erfahren, dass die GmbH Personenunternehmen gegenüber in so ziemlich allen Belangen überlegen ist.

In Bezug auf Personenunternehmen ist es wichtig zu wissen,

- dass Personenunternehmer*innen alle Haftungsrisiken persönlich tragen und alle Verluste aus dem Unternehmen direkt auf das Privatvermögen durchschlagen;
- dass der Unternehmensgewinn unabhängig von der Gewinnverwendung unmittelbar und vollständig zur Einkommensberechnung herangezogen und als persönliches Einkommen versteuert wird.

Bezogen auf die GmbH hast du gelernt,

- dass Haftungsrisiken und Verluste in der GmbH gefangen und die Privatvermögen der Unternehmer*innen geschützt sind;
- dass die Besteuerung der Gewinne in der GmbH von deren Verwendung abhängig ist;
- dass in der GmbH verbleibende Gewinne mit Körperschafts- und Gewerbesteuer von zusammen ca. 30% versteuert werden
- dass du keine Gewinnausschüttungen an dich persönlich vornehmen, sondern Gewinne in der GmbH thesaurieren solltest, da ausgeschüttete Gewinne mit einer Gesamtsteuerquote von rund 48% besteuert werden;
- dass dir die niedrigere Besteuerung in der GmbH zu 20% mehr investierbarem Kapital und damit zu einem Investitionsvorsprung von fünf Jahren verhilft;

- dass sich die GmbH rechnet, also der Steuervorteil die Kosten übersteigt, sobald du wenigstens 10.000 Euro mehr Gewinn erwirtschaftest, als du zum Leben brauchst;
- dass zwar jede UG eine kleine GmbH ist, du aber am besten direkt eine GmbH gründen solltest, wenn du wenigstens 12.500 Euro für die Hälfte des Mindeststammkapitals aufbringen kannst;
- dass du die Umwandlung vom Personenunternehmen zur GmbH zwar steuerfrei vornehmen kannst, diese aber 8.000 Euro bis 10.000 Euro für Steuer- und Rechtsberatung sowie Notariat kostet.

Bei all den Vorteilen der GmbH bleibt nur noch die Frage offen, wie du die geringer versteuerten Gewinne für persönliche Investitionen nutzen kannst, wenn sie doch in der GmbH verbleiben?

Diese Frage führt uns direkt zum zweiten Steuerhebel.

2.

Steuerhebel:

Die beste Rechtsform für dein Vermögen

Als Unternehmer*in solltest du deine Anteile an Unternehmen und andere Vermögenswerte nicht im persönlichen Besitz halten, sondern über eine Holding-Gesellschaft.

Durch eine Holding kannst du die Gewinne aus deinem operativen Unternehmen ausschütten, ohne sie persönlich zu versteuern.

Dank steuerbegünstigter Reinvestitionen ist eine Holding das ideale Fundament für deinen langfristigen Vermögensaufbau und deine Altersvorsorge.

Deine Holding wird zum Sparschwein, das du nie schlachtest, das dich aber immer nährt – deine Holding wird dich überleben!

Die Vorteile einer Holding greifen nur, wenn dein operatives Unternehmen eine Kapitalgesellschaft ist, also eine GmbH oder UG. Falls dein Unternehmen noch ein Einzelunternehmen oder eine Personengesellschaft ist und dich die im ersten Steuerhebel beschriebenen Vorteile der GmbH noch nicht völlig zur GmbH-Umwandlung überzeugt haben, lege ich dir dennoch nahe, dich mit der Holding zu befassen. Denn: **Die Holding verstärkt die Vorteile der GmbH.**

Warum dein Vermögen in einer Holding am besten aufgehoben ist

Eine Holding ist eine Gesellschaft, die Anteile an weiteren Gesellschaften hält (Englisch „to hold“). Man spricht bei der Holding auch von einer Muttergesellschaft mit einer oder mehreren Tochtergesellschaften.

Anstatt dass du persönlich als Gesellschafter*in an deinem operativen Unternehmen beteiligt bist, hältst du deine Beteiligung über eine Holding, die wiederum zu 100% dir persönlich gehört und bei der du Geschäftsführer*in bist.

Die Holding ist damit zwischen dein operatives Unternehmen und dich als Privatperson geschaltet *(siehe Abbildung 6)*. Gewinnausschüttungen und Dividenden aus dem operativen Unternehmen und ggf. auch aus anderen Beteiligungen, werden an die Holding ausgezahlt – nicht an dich persönlich.

Abbildung 6: Die Holding-GmbH

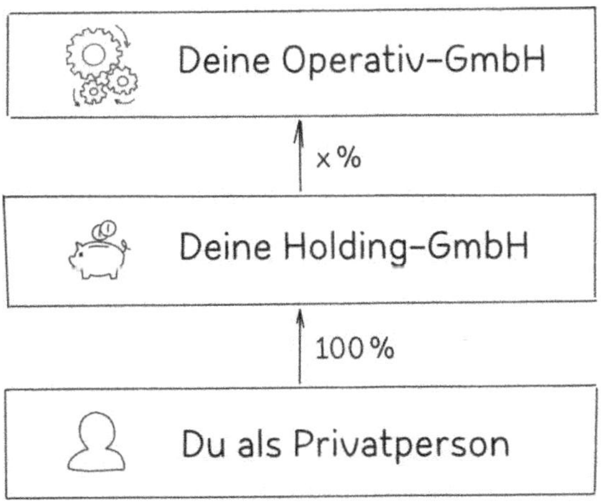

Als Rechtsform der Holding eignet sich – wie für das operative Unternehmen – eine GmbH am besten (oder auch eine UG).

Um die verschiedenen GmbHs leichter auseinanderzuhalten, werde ich im Folgenden beim operativen Unternehmen von der Operativ-GmbH sprechen und bei der Holding von der Holding-GmbH.

Auch gilt weiterhin, dass für eine Holding-UG die gleichen Grundsätze zutreffen wie für die Holding-GmbH. Wenn ich von der Holding-GmbH schreibe, gilt das auch für eine Holding-UG.

Bekannt ist die Holding im Zusammenhang mit Großunternehmen, bei denen die einzelnen Landes-, Produktions- oder Vertriebsgesellschaften als Tochterunternehmen der internationalen Mutterholding organisiert sind. Da Holdingstrukturen bei Großunternehmen oft zur Gewinnverschiebung in Länder mit niedriger Besteuerung genutzt werden, ist der Begriff der Holding nicht nur bekannt, sondern mitunter auch berüchtigt.

Holdings sind aber nicht nur ein Mittel für Großunternehmen, auch du kannst die Holding nutzen für langfristige Vermögensmehrung und deine Altersvorsorge – ganz ohne Gewinnverschiebung ins Ausland.

Welche Vorteile die Holding-GmbH für Unternehmerinnen und Unternehmer bietet, erfährst du sogleich.

Die Holding ermöglicht dir vollständige Kontrolle über dein Vermögen

Wenn du meinen Empfehlungen aus dem ersten Steuerhebel folgst, schüttest du die Gewinne aus der Operativ-GmbH nicht aus, sondern thesaurierst diese.

Bist du nicht Alleingesellschafter*in bei deinem operativen Unternehmen, verspürst du vermutlich wenig Neigung, die Gewinne dauerhaft in der Operativ-GmbH zu belassen. Was nutzt dir die geringere Besteuerung, wenn du keinen direkten Zugriff auf das Vermögen hast?

Bei der Herleitung des Gebots, Gewinne in der GmbH zu thesaurieren und nicht auszuschütten, hatte ich etwas ausgelassen: Die Gewinne dürfen nur nicht an Privatpersonen ausgeschüttet werden. **Mit einer Holding können Gewinne ausgeschüttet werden, ohne dass diese dann sofort persönlich versteuert werden** (nähere Ausführungen zur Besteuerung in der Holding folgen gleich).

Wenn die Gewinne aus der Operativ-GmbH an die Holding-GmbH ausgeschüttet werden, bedeutet das, dass dieses Vermögen nicht dein direktes Eigentum ist, sondern das der Holding-GmbH.

Ist es für dich momentan noch eine absonderliche Vorstellung, dass dein Vermögen nicht dein persönliches Eigentum sein sollte? Das kann ich gut verstehen. Ich kann deine Vorbehalte aber hoffentlich gleich ausräumen.

Besitz ist die tatsächliche Herrschaft und damit Verfügungsgewalt über eine Sache. Da dir die Holding-GmbH zu 100% gehört, kontrollierst du sie vollständig und kannst alle gesellschaftsrelevanten Entscheidungen allein treffen. **Wenn schon nicht mehr dein persönliches Eigentum, so ist dein Vermögen in der Holding-GmbH unter deiner vollständigen Kontrolle und somit noch immer in deinem Besitz.**

Die Holding sichert dein Vermögen vor operativen Risiken

Mit der Ausschüttung der Gewinne an eine Holding-GmbH wird das Vermögen von den Haftungs- und Verlustrisiken des operativen Unternehmens getrennt.

Alleingesellschafter*innen könnten die Gewinne direkt in ihrem operativen Unternehmen thesaurieren und Investitionen zum Vermögensausbau aus ihrer Operativ-GmbH heraus tätigen. Dann unterläge das Vermögen aber auch den operativen Risiken. Der große Vorteil der GmbH, das Privatvermögen zu schützen, ginge verloren *(siehe Die GmbH schützt dein Privatvermögen ab Seite 19).*

Dein operatives Geschäft birgt jedoch meist auch operative Risiken. Du magst ein Geschäftsmodell haben, bei dem die operativen Risiken überschaubar wirken. Aber bist du dir wirklich sicher, dass du alle Risiken und Eventualitäten überschauen kannst? Bist du dir sicher, dass deine Berufs- und Betriebshaftpflichtversicherungen, wenn du denn welche hast, auch greifen?

Als Unternehmer scheue ich nicht das Risiko. Aber gegen den Totalverlust meines über lange Zeit hart erarbeiteten Vermögens möchte ich mich dann doch gern absichern. Vor allem, wenn die Absicherung einfach und vergleichsweise günstig ist (zu den Kosten der Holding komme ich im späteren Abschnitt *Wann sich eine Holding für dich lohnt* auf *Seite 75*).

Auch Alleingesellschafter*innen ihrer Operativ-GmbHs rate ich, mit einer Holding-GmbH das Vermögen von den operativen Risiken zu trennen.

Falls du als Alleingesellschafter*in deiner Operativ-GmbH jedoch jegliches operative Risiko ausräumen kannst und du auch die Aufnahme weiterer Gesellschafter, eine Nachfolge oder den Verkauf für dich ausschließt, brauchst du zwischen dich und deine operative GmbH keine Holding-GmbH zwischenzuschalten.

Aber auch in diesem Fall solltest du weiterlesen. Denn wenn du die Unternehmensgewinne in der operativen GmbH belässt und nicht an dich ausschüttest, wirst du Vermögensinvestitionen wie beispielsweise weitere Unternehmensbeteiligungen sowie Aktien- und Immobilienkäufe aus der GmbH heraus machen. Dann wird deine operative GmbH im Laufe der Zeit immer mehr Vermögenswerte und Beteiligungen ‚halten' wie jede andere Holding auch. Und wenn du das operative Geschäft irgendwann einmal zurückfahren solltest, ist aus der operativen GmbH eine Holding-GmbH geworden.

Die Holding reduziert deine Steuerlast

Gewinne aus deinen Vermögensinvestitionen werden in der Holding niedriger besteuert als im Privatvermögen. Daher bildet deine Holding das ideale Fundament für deinen langfristigen Vermögensaufbau und deine Altersvorsorge.

Im Folgenden werden wir uns im Einzelnen anschauen, wie die drei wichtigsten Quellen von Einkünften in deiner Holding besteuert werden:

1) Einkünfte aus Dividenden

2) Einkünfte aus Veräußerungsgewinnen

3) Einkünfte aus gewerblichen Tätigkeiten

Natürlich werden wir uns als Vergleichsmaßstab auch anschauen, wie die Besteuerung aussähe, wenn du die Vermögenswerte im Privatvermögen statt in der Holding halten würdest.

Besteuerung von Dividenden in der Holding

Dividenden sind Gewinnausschüttungen aus Unternehmensbeteiligungen. An erster Stelle ist für uns vor allem die Gewinnausschüttung deines operativen Unternehmens relevant.

Da der Unternehmensgewinn schon auf Ebene der Tochtergesellschaft (deine Operativ-GmbH) besteuert wurde, werden Dividenden an die Muttergesellschaft (deine Holding-GmbH) nicht

noch einmal besteuert. Es gibt jedoch Voraussetzungen für dieses sogenannte Schachtelprivileg zur Vermeidung der doppelten Besteuerung: **Für die Befreiung von der Körperschaftsteuer muss deine Holding mindestens 10% an der Tochtergesellschaft halten**[19]; **für die Befreiung von der Gewerbesteuer mindestens 15%**[20].

Ausgenommen von der Steuerbefreiung sind 5% der Dividenden, die pauschal als nicht abzugsfähige Betriebsausgaben angesetzt und mit der Gewerbe- und Körperschaftsteuer in Höhe von 30% belegt werden[21]. Im Ergebnis bedeutet dies: **Dividenden der Operativ-GmbH an die Holding-GmbH sind fast steuerfrei und werden effektiv nur in Höhe von ca. 1,5% besteuert.**

Im Privatvermögen wären die Dividenden in Höhe von ca. 26% besteuert worden (mit der Abgeltungssteuer oder nach dem Teileinkünfteverfahren).

Claudia und Sven begleiten uns weiterhin und helfen uns, an ihrem Beispiel die Wirkungsweise der Holding zu verstehen.

Zum Ende des ersten Steuerhebels hatte Claudia ihr Einzelunternehmen in eine GmbH umgewandelt und anschließend ihre GmbH-Anteile in eine Holding-GmbH eingebracht. Sven hält seine GmbH-Anteile weiterhin persönlich.

Seitdem ist ein Jahr vergangen und Claudia und Sven haben beide ihr Planziel von 200.000 Euro Gewinn vor Steuern und Geschäftsführungsgehalt erreicht. Jeder der beiden zahlt sich weiterhin ein Jahresgehalt in Höhe von 50.000 Euro aus.

Rechnung 10 zeigt, wie Dividenden der Operativ-GmbHs besteuert werden, wenn diese an eine Privatperson ausgeschüttet werden wie bei Sven und an eine Holding wie in Claudias Fall.

---

[19] Körperschaftsteuergesetz (KStG) § 8b – Beteiligung – Abs. 4

[20] Gewerbesteuergesetz (GewStG) § 9 – Kürzungen – Abs. 2a und Abs. 7

[21] Körperschaftsteuergesetz (KStG) § 8b – Beteiligung – Abs. 5

Rechnung 10: Besteuerung von Dividenden in der Holding-GmbH und im Privatvermögen

		Sven Dividende an privat	Claudia Dividende an Holding
–	Gewinn vor Gehalt und Steuern	200.000 €	200.000 €
–	Geschäftsführungsgehalt	50.000 €	50.000 €
=	**Gewinn vor Steuern**	**150.000 €**	**150.000 €**
–	Gewerbesteuer	21.000 €	21.000 €
–	Körperschaftsteuer (inkl. SolZ)	23.738 €	23.738 €
=	**Gewinn nach Steuern**	**105.263 €**	**105.263 €**
	Steuerquote GmbH-Ebene	*29,8%*	*29,8%*
	Dividende: 100%	**105.263 €**	**105.263 €**
–	Sparer-Pauschbetrag	801 €	
–	Steuerfreier Anteil		95%
=	**Zu versteuernde Dividende**	**104.462 €**	**5.263 €**
–	Abgeltungssteuer (inkl. SolZ)	27.552 €	
–	Gewerbesteuer		737 €
–	Körperschaftsteuer (inkl. SolZ)		833 €
=	**Dividende nach Steuern**	**77.711 €**	**103.693 €**
	Steuerquote auf Dividende	*26,2%*	*1,5%*

In *Rechnung 10* wird der Unterschied der Besteuerung deutlich. Während Claudias Holding-GmbH die Dividenden nur mit 1,5% versteuert, werden bei Sven im Privatvermögen ca. 26% Steuern auf die Dividenden fällig. Da Sven 25 Prozentpunkte mehr Steuern zahlt, ist Claudias Vermögenszuwachs in ihrer Holding-GmbH durch die Dividendenzahlung sogar um ein Drittel höher als der von Sven (1 ÷ 25% = 133%).

Claudia hat durch die Holding einen Vermögensvorsprung von acht Jahren: Sven muss acht Jahre lang mit seinen Investitionen eine

Kapitalrendite von durchschnittlich 4% erzielen, nur um den Steuernachteil aufzuholen. Claudia investiert ihren Vermögenszuwachs in der Holding-GmbH aber auch. Wenn sie die gleiche Kapitalrendite schafft wie Sven, kann sie ihren Vermögensvorsprung von 33% dauerhaft verteidigen.

Bei Unternehmensbeteiligungen von unter 10%, beispielsweise bei Aktieninvestitionen, entfallen die Schachtelprivilegien für die Gewerbesteuer und die Körperschaftsteuer. In diesen Fällen werden die Dividenden an die Holding-GmbH in voller Höhe mit Gewerbe- und Körperschaftsteuer von zusammen 30% versteuert.

Bei Aktien ist die Steuerlast auf Dividenden demnach in der Holding-GmbH ca. vier Prozentpunkte höher als bei der Besteuerung durch die Abgeltungssteuer im Privatvermögen (wo sie mit Abgeltungssteuer und Solidaritätszuschlag von zusammen etwa 26% belegt werden).

Du wirst jedoch gleich sehen, dass auf Veräußerungsgewinne der Steuervorteil der Holding auch bei Aktien so hoch ist, dass der kleine Steuermalus auf Dividenden mehr als wettgemacht wird.

Besteuerung von Veräußerungsgewinnen in der Holding

Das Schöne an der Holding ist, dass auch bei Veräußerungsgewinnen das Schachtelprivileg greift: Wie auch bei Dividenden, sind die Veräußerungsgewinne für die Holding zu 95% steuerfrei und werden nur in Höhe von 1,5% besteuert.

Wenn dein operatives Unternehmen nicht nur aus dir und deinen Leistungen besteht, sondern du Vermögenswerte („Assets") geschaffen hast, möchtest du dein Unternehmen vermutlich irgendwann einmal verkaufen. Verkaufst du Unternehmensanteile, zahlt der Käufer für diese Anteile hoffentlich einen höheren Preis als den Buchwert. Der Buchwert ist der Wert der Anteile gemäß der aktuellen Bilanz.

Die Differenz zwischen dem Verkaufspreis und dem Buchwert ist dein zu versteuernder Veräußerungsgewinn. Falls du die Anteile gekauft hast, wie bei Aktien, ist der Veräußerungsgewinn (oder -verlust) die Differenz zwischen Verkaufspreis und Kaufpreis.

Bei Verkäufen von Unternehmensbeteiligungen im Privatvermögen werden die Veräußerungsgewinne in Höhe von ca. 26% besteuert (mit Abgeltungssteuer oder Teileinkünfteverfahren). Die Holding zahlt 1,5% Steuern auf Veräußerungsgewinne – Privatpersonen 26% *(siehe Rechnung 11)*. Wie schon bei den Dividenden gilt auch für Veräußerungsgewinne: **25 Prozentpunkte weniger Steuern bedeutet ein Drittel mehr Vermögen nach Steuern – das entspricht einem Vermögensvorsprung von acht Jahren durch die Holding!**

Rechnung 11: Besteuerung von Veräußerungsgewinnen in der Holding-GmbH und im Privatvermögen

		Sven Veräußerung privat	**Claudia** Veräußerung Holding
	Veräußerungsgewinn vor Steuern	**1.000.000 €**	**1.000.000 €**
–	Sparer-Pauschbetrag	801 €	
–	Steuerfreier Anteil		95%
=	**Zu versteuernder Veräußerungsgewinn**	**999.199 €**	**50.000 €**
–	Abgeltungssteuer (inkl. SolZ)	263.539 €	
–	Gewerbesteuer		7.000 €
–	Körperschaftsteuer (inkl. SolZ)		7.913 €
=	**Veräußerungsgewinn nach Steuern**	**736.461 €**	**985.088 €**
	Steuerquote auf Veräußerungsgewinn	*26,4%*	*1,5%*

Claudia hat ihre GmbH-Anteile auch deswegen in eine Holding-GmbH eingebracht, weil ein künftiger Unternehmensverkauf Teil ihres langfristigen Plans war. Nach 10 Jahren kann sie ihr Unternehmen tatsächlich verkaufen – für eine Million Euro.

Auch Sven verkauft im selben Jahr wie Claudia seine Operativ-GmbH, auch für eine Million Euro. Er hatte den Verkauf aber nicht geplant und hielt die Anteile weiterhin persönlich.

Rechnung 11 zeigt deutlich, dass Sven eine Viertelmillion Euro mehr Steuern auf den Veräußerungsgewinn zu zahlen hat als Claudia mit ihrer Holding.

Im Unterschied zu Dividenden erfordert die Steuerbefreiung bei Veräußerungsgewinnen keine Mindestbeteiligung. Wenn deine Holding Aktienbeteiligungen verkauft, werden auch diese Veräußerungsgewinne nur mit 1,5 % besteuert – unabhängig von der Höhe der Beteiligung.

Im Detail werde ich die Besteuerung von Aktieninvestitionen in der Holding mit Beispielrechnungen in einem separaten Kapitel ab *Seite 120* ausführen. Was wir an dieser Stelle schon wissen ist, dass Dividenden aus Aktien in der Holding-GmbH ca. 4 Prozentpunkte höher besteuert werden als im Privatvermögen (ca. 30% verglichen mit ca. 26%), Veräußerungsgewinne jedoch 25 Prozentpunkte niedriger (ca. 1,5% verglichen mit 26,4%).

Daraus können wir schließen, dass **solange die Dividenden nicht um wenigstens das sechsfache höher sind als die Wertsteigerung der Aktien, übersteigt der Steuervorteil der Holding bei Veräußerungsgewinnen den Steuernachteil bei Dividenden. Aktien werden demnach in der Holding-GmbH in der Regel niedriger besteuert als im Privatvermögen.**

Besteuerung von gewerblichen Tätigkeiten in der Holding

Deine Holding sollte neben dem Halten der Anteile an Tochtergesellschaften unbedingt auch wirtschaftlich tätig werden. Ansonsten

könnte es sein, dass dein Finanzamt deiner Holding die Unternehmereigenschaft und damit auch den Vorsteuerabzug aberkennt.

Eine rein vermögensverwaltende GmbH, die ausschließlich eigenes Vermögen verwaltet, erbringt nur umsatzsteuerbefreite Leistungen[22]. Umsatzsteuerbefreit klingt zwar gut, bedeutet natürlich aber auch, dass die Vorsteuer auf eingekaufte Lieferungen und Leistungen nicht geltend gemacht werden können.

Wenn deine Holding außer der Vermögensverwaltung keine wirtschaftlichen Tätigkeiten ausübt und somit keine umsatzsteuerbaren Leistungen erbringt, wirst du den Vorsteuerabzug auf Eingangsrechnungen der Holding wahrscheinlich nicht geltend machen können. Ohne Vorsteuerabzug würden dann Steuer- und Rechtsberatung und alle weiteren Kosten für dich automatisch 19% teurer.

Die Holding soll also wirtschaftliche Tätigkeiten ausüben und gleichzeitig größere operative Risiken vermeiden. Was sind denn Beispiele für risikoferne wirtschaftliche Betätigungen? Naheliegend sind Leistungen der Holding an Tochtergesellschaften, beispielsweise Beratungsleistungen.

In meinem Fall erbringt meine Holding-GmbH die Geschäftsbesorgung für meine Operativ-GmbH. Ich bin bei beiden GmbHs zum Geschäftsführer bestellt, habe aber nur mit der Holding einen Anstellungsvertrag als Geschäftsführer und erhalte auch nur von dieser ein Gehalt (Näheres dazu auch im Kapitel *Welche Vorteile dir die Anstellung bei deiner Holding bietet* ab *Seite 99*). Die Operativ-GmbH hat die Holding-GmbH über einen Geschäftsbesorgungsvertrag mit der Geschäftsführung beauftragt. Die Holding-GmbH erhält dafür von der Operativ-GmbH eine Vergütung und erbringt somit umsatzsteuerbare Leistungen.

---

[22] Umsatzsteuergesetz (UStG) § 4 – Steuerbefreiungen

Um die wirtschaftlichen Tätigkeiten zu verdeutlichen, sollten sich diese bei Handelsregister- und Gewerbeanmeldungen deiner Holding-GmbH auch in der Beschreibung des Geschäftsgegenstands wiederfinden. Der Gegenstand meiner Holding startet mit „erlaubnisfreier Beratung von Unternehmen“ und erst später kommt „Beteiligung an anderen Gesellschaften.“

Jetzt haben wir geklärt, dass deine Holding-GmbH über gewerbliche Einkünfte verfügen sollte. Wie werden diese besteuert? Wie in jeder anderen GmbH auch: mit Gewerbesteuer und Körperschaftsteuer von zusammen rund 30% *(siehe dazu das Kapitel Wie die GmbH besteuert wird auf Seite 31).*

Diese steuerpflichtigen Erträge brauchst du auch, wenn du über eine Pensionszusage der Holding-GmbH vor Steuern in deine Altersvorsorge investieren willst. Wie das genau funktioniert, erläutere ich im fünften Steuerhebel ab Seite 145.

Wann sich eine Holding für dich lohnt

Deine Holding-GmbH lohnt sich spätestens, wenn deine Dividenden und Veräußerungsgewinne in Summe mehr als 4.000 Euro pro Jahr betragen.

Von den in vorhergehenden Abschnitten beleuchteten Mehrwerten der Holding ist die Senkung der Steuerlast am einfachsten zu quantifizieren. Für dich lohnt sich eine Holding spätestens dann, wenn der Steuervorteil die Unterhaltskosten der Holding übersteigt.

Deine Holding sollte eine GmbH oder UG sein. Entsprechend gilt die Kostenbetrachtung aus dem Kapitel *Wie hoch die Kosten der GmbH sind* ab *Seite 49*.

Die operativen Kosten der Holding-GmbH für Buchhaltung, Jahresabschluss und IHK betragen in etwa 1.000 Euro pro Jahr.

Die Steuerersparnis der Holding durch die günstigere Besteuerung von Dividenden und Veräußerungsgewinnen sollte daher größer sein als die jährlichen Kosten von 1.000 Euro.

Wie wir in den vorherigen Ausführungen gesehen haben, ist die Besteuerung von Dividenden und Veräußerungsgewinnen in der Holding um 25 Prozentpunkte niedriger als im Privatvermögen. Damit lohnt sich die Holding ab Dividenden und Veräußerungsgewinnen von jährlich mehr als 4.000 Euro (1.000 Euro ÷ 25 %).

Im Kapitel *Wie du mit der GmbH die Steuerlast minimierst* ab *Seite 39* habe ich hergeleitet, dass du jeglichen Gewinn in der GmbH belassen solltest, der nicht zur Deckung der Kosten deines Lebensunterhalts und nicht als Rücklage für Sicherung und Wachstum der Operativ-GmbH benötigt wird. Das ist der Anteil des Gewinns, den du zur Vermögensmehrung frei investieren kannst und den du beinahe steuerfrei als Dividende von deiner Operativ-GmbH an deine Holding-GmbH ausschütten kannst.

Wenn du meinen Empfehlungen zur Senkung der Steuerlast folgst, sind 4.000 Euro Dividenden im Jahr schnell erreicht.

Hinzu kommt noch der Steuervorteil bei Veräußerungsgewinnen. **Wenn die Operativ-GmbH irgendwann einmal verkauft werden soll, wird sich die Holding auszahlen.** Claudia konnte durch die Holding beim Unternehmensverkauf und einem Veräußerungsgewinn in Höhe von 1.000.000 Euro ihre Steuerlast um etwa 250.000 Euro senken. Die Kosten der Holding-GmbH in diesem 10-Jahres-Zeitraum betrugen jedoch nur 10.000 Euro.

Warum dich die Offenlegungspflicht nicht abhalten sollte

Einen kleinen Nachteil der Holding-GmbH möchte ich nicht unerwähnt lassen: **Als Kapitalgesellschaft unterliegt die Holding der Offenlegungspflicht.**

Bis zu einer Bilanzsumme von 6 Millionen Euro gilt die Holding-GmbH jedoch als kleine Kapitalgesellschaft[23], die nur die verkürzte Bilanz und den Anhang offenlegen muss und nicht die Gewinn- und Verlustrechnung[24]. Die verkürzte Bilanz enthält nur die in *Abbildung 7* aufgelisteten Bilanzsummen – keine erweiterte Aufschlüsselung[25].

Abbildung 7:
Struktur und Inhalt der verkürzten Bilanz

Aktivseite	Passivseite
A. Anlagevermögen:	A. Eigenkapital:
I. Immaterielle Vermögensgegenstände	I. Gezeichnetes Kapital
II. Sachanlagen	II. Kapitalrücklage
III. Finanzanlagen	III. Gewinnrücklagen
B. Umlaufvermögen:	IV. Gewinnvortrag/Verlustvortrag
I. Vorräte	V. Jahresüberschuss/Jahresfehlbetrag
II. Forderungen und sonstige Vermögensgegenstände	B. Rückstellungen
III. Wertpapiere	C. Verbindlichkeiten
IV. Kassenbestand, Bundesbankguthaben, Guthaben bei Kreditinstituten, Schecks	D. Rechnungsabgrenzungsposten
C. Rechnungsabgrenzungsposten	E. Passive latente Steuern
D. Aktive latente Steuern	
E. Aktiver Unterschiedsbetrag aus der Vermögensverrechnung	

---

[23] Handelsgesetzbuch § 267 – Umschreibung der Größenklassen – Abs. 1

[24] Handelsgesetzbuch § 326 – Größenabhängige Erleichterungen – Abs. 1

[25] Handelsgesetzbuch § 266 – Gliederung der Bilanz

Anhand der verkürzten Bilanz erfährt niemand dein wahres Vermögen. Viele Vermögenswerte sind nur mit ihrem Buchwert in der Bilanz erfasst, darunter deine Beteiligung am operativen Unternehmen und Immobilien.

Erst ab einer Bilanzsumme von über 6 Millionen Euro müsste deine Holding auch die erweiterte Bilanz, die Gewinn- und Verlustrechnung und den Lagebericht veröffentlichen. Willst du das vermeiden, dann achte darauf, dass dieser Wert nicht überschritten wird: Gründe vorher einfach eine weitere Holding! **Je größer dein Vermögen, desto weniger fallen Kosten für Verschleierungsmaßnahmen ins Gewicht, wie die Gründung neuer Gesellschaften.**

Durch die Holding werden deine Vermögensverhältnisse daher nicht völlig durchsichtig – man schaut von außen eher wie durch Milchglas als durch Klarglas in die Holding.

Ich freue mich nicht über die Offenlegung – aber durch sie lasse ich mich nicht von der Holding abhalten.

Und dich sollte es auch nicht – die Vorteile sind einfach zu groß!

Welche Wege zu deiner Holding führen

Die Vorteile der Holding haben dich überzeugt? Fragst du dich jetzt, wie du zu deiner Holding kommst? Die kurze Antwort ist: **Du gründest deine Holding-GmbH wie jede andere GmbH auch. Zur Holding wird diese GmbH durch das Halten von Geschäftsanteilen und anderen Vermögenswerten.**

Da die Holding sich in ihrer Rechtsnatur nicht von einer ‚normalen' GmbH unterscheidet, gelten für Ablauf der Gründung und deren Kosten die Ausführungen des Kapitels *Gründung der GmbH (ab Seite 52).* Zur schnellen Erinnerung: Bei einer GmbH belaufen sich die Gründungskosten auf etwa 1.000 Euro (eine UG kann schon für ca. 500 Euro gegründet werden). Das Mindeststammkapital sind 25.000 Euro, wovon wenigstens die Hälfte bei Gründung eingezahlt werden muss.

Wie die neu gegründete GmbH zur Holding wird, hängt von deiner Situation ab: Gibt es deine Operativ-GmbH schon oder wirst du sie noch gründen? Bist (wirst) du Alleingesellschafter*in der Operativ-GmbH oder gibt es noch weitere Gesellschafterinnen oder Gesellschafter neben dir?

Ich starte mit einer grundsätzlichen Empfehlung für Holding-Besitzer und beleuchte dann die Gründung der Holding und Übertragung von Beteiligungen.

Das Ideal ist: Alle oder niemand!

Ein gemischter Gesellschafterkreis birgt Konfliktpotenzial. Gemischt heißt hier: Unter den Gesellschaftern gibt es sowohl Privatpersonen als auch Holdings.

Gewinnausschüttungen und Veräußerungserlöse sind für Holdings fast steuerfrei – Personengesellschafter müssen jedoch ca. 26% Steuern zahlen. Gewinnausschüttungen kosten die Holding fast nichts – Personengesellschafter dagegen schon. Entsprechend geringer ist deren Motivation, Gewinne auszuschütten. Gewinnrücklagen wirken für Personengesellschafter wie eine Stundung der Steuern.

Was bedeutet das für dich? **Gründest du eine neue Kapitalgesellschaft mit deiner Holding als Gesellschafterin, sorge dafür, dass sich möglichst alle Gesellschafter über ihre Holding beteiligen.** Wenn die anderen die Vorteile der Holding nicht kennen, dann kläre sie auf. Oder besser noch: Gib ihnen mein Buch!

Ich habe im nächsten Abschnitt noch ein gutes Argument für dich, die Zweifelnde zu überzeugen.

Holding und Tochter in Stafette gründen

Holding-GmbH und Tochter-GmbH können mit einer einmaligen Einzahlung des Stammkapitals gegründet werden: Die gerade gegründete Holding-GmbH verwendet das eingezahlte Stammkapital zur Gründung einer Tochter-GmbH[26]. Das wird als Stafetten-, Kaskaden- oder auch Pyramiden-Gründung bezeichnet. **Mit nur einem Stammkapital werden so gleich mehrere GmbHs gegründet.**

---

[26] Priester: „Kaskaden-Gründung im GmbH-Recht“, DStR 2016, 1555

Das mag dich vielleicht im ersten Moment überraschen; muss das eingezahlte Stammkapital doch der GmbH zur freien Verfügung stehen. Das Stammkapital darf aber nur nicht an die Gesellschafter zurückfließen. Die GmbH kann daher mit ihrem Vermögen eine weitere Gesellschaft gründen.

Die neu gegründete Holding-GmbH reicht das Stammkapital an ihre Tochter weiter. Da findet es auch bessere Verwendung – schließlich wird die Tochter operativ und nicht die Mutter. Hat die Tochter mehrere Gesellschafter, wird natürlich nur ein Teil des Stammkapitals zur Einzahlung der Stammeinlage benötigt.

Wann die Tochter-GmbH gegründet wird, ist unerheblich. **Die Gründung beider Gesellschaften kann auch nacheinander am selben Tag bei demselben Notartermin erfolgen.**

Damit hast du ein gutes Argument für deine künftigen Mitgründenden: **Wenn sie noch keine Holding haben, brauchen sie nur einmal das Stammkapital aufzubringen und können die Holding unmittelbar vor Gründung eurer gemeinsamen Tochter-GmbH in einem Termin gründen.**

Unternehmergold-Tipp:

In meinem Buch „GmbH gründen“ gehe ich bei jedem Gründungsschritt auch auf die Besonderheiten der Holding-Gründung ein und beschreibe im Detail auch die Stafettengründung von Holding- und Tochtergesellschaft.

Übertragen von Beteiligungen auf die Holding

Bei bestehenden Beteiligungen, die du schon persönlich hältst, solltest du prüfen, ob eine Übertragung auf die Holding sinnvoll ist.

Ist dein Unternehmen aktuell noch ein Einzelunternehmen, muss erst die Umwandlung in eine GmbH vorgenommen werden, bevor im zweiten Schritt die GmbH-Anteile an die Holding übertragen werden können. Wie du dein Einzelunternehmen zur GmbH umwandelst, hast du im Kapitel *Umwandlung zur GmbH (ab Seite 55)* erfahren. Daher werde ich an dieser Stelle vornehmlich auf die Übertragung von GmbH-Anteilen an die Holding eingehen.

Ist dein operatives Unternehmen eine GmbH (oder UG), kannst du **deine Anteile an der Operativ-GmbH gegen Ausgabe neuer Anteile an der Holding-GmbH in diese einbringen. Dieser Vorgang wird Anteilstausch genannt. Die steuerliche Bewertung dieses Anteilstauschs hängt davon ab, ob du über mehr als die Hälfte der Anteile an der Operativ-GmbH verfügst (50% plus 1 Stimmanteil) oder über gleich oder weniger als 50% der Anteile.**

Übertragung bei Stimmmehrheit

Wenn du über die Mehrheit der Stimmanteile der Operativ-GmbH verfügst – du also Mehrheitsgesellschafter*in bist – gestattet dir das Umwandlungssteuergesetz einen sogenannten qualifizierten Anteilstausch[27], der dir auf Antrag die Übertragung der Anteile zum Buchwert ermöglicht.

Da du deinen Anteil zum Buchwert einbringst, gibt es keinen Veräußerungsgewinn und der Anteilstausch ist für dich steuerneutral.

Entscheidend für den qualifizierten Anteilstausch ist, dass die übernehmende Gesellschaft – deine Holding-GmbH – nach dem Anteilstausch über die Mehrheit der Stimmrechte verfügt. Dabei zählen die Stimmrechte, nicht die Beteiligungsanteile (in den meisten Fällen entspricht jeder Anteil einer Stimme; aber es ist möglich, Anteile mit unterschiedlicher Stimmgewichtung zu vereinbaren). Auch reichen 50%

[27] Umwandlungssteuergesetz (UmwStG) §21 – Bewertung der Anteile – Abs. 1

der Stimmrechte nicht aus. Es müssen wenigstens 50% plus eine Stimme sein.

Hinweis: Rückwirkende Besteuerung bei Verkauf

Wie schon bei der Umwandlung eines Einzelunternehmens zur GmbH *(siehe Umwandlung zur GmbH ab Seite 55)*, gilt auch für den steuerneutralen Anteilstausch, dass bei einem Verkauf der übertragenen Anteile innerhalb von sieben Jahren rückwirkend eine Besteuerung erfolgt. Die Steuerlast entspricht der im folgenden Kapitel beschriebenen Besteuerung auf den Verkaufserlös, reduziert um ein Siebtel für jedes nach der Übertragung vergangene Jahr.

Übertragung ohne Stimmmehrheit

Wenn du nicht über die Mehrheit der Stimmrechte in der Operativ-GmbH verfügst, ist ein steuerneutraler Anteilstausch leider nicht möglich.

Der Tausch deiner im Privatvermögen gehaltenen GmbH-Anteile gegen Anteile der Holding wirkt sich steuerlich aus wie eine Veräußerung deiner Anteile an die Holding. Den Veräußerungsgewinn musst du versteuern, obwohl du keine Zahlungen erhalten hast.

Der Veräußerungsgewinn ist die Differenz aus dem sogenannten gemeinen Wert und dem Buchwert der GmbH-Anteile.

Der gemeine Wert entspricht dem Verkehrswert der Anteile. Wenn innerhalb der letzten zwölf Monate ein Verkauf von Unternehmensanteilen an fremde Dritte erfolgte[28], so basiert der gemeine Wert auf dieser

[28] Bewertungsgesetz (BewG) § 11 – Wertpapiere und Anteile – Abs. 2

letzten Verkehrsbewertung. **Gibt es keine aktuelle Verkehrsbewertung, wird das vereinfachte Ertragswertverfahren angewandt**[29].

Das vereinfachte Ertragswertverfahren multipliziert den zukünftig nachhaltig erzielbaren Jahresertrag – das ist der Durchschnitt der Betriebsergebnisse der letzten drei Jahre[30] – mit dem Kapitalisierungsfaktor[31], der aktuell 13,75 beträgt *(siehe Rechnung 12).*

Zusätzlich zu diesem Ertragswert wird zum gemeinen Wert der Unternehmensanteile noch hinzugerechnet: der gemeine Wert des nicht notwendigen Betriebsvermögens (z. B. Immobilien), der gemeine Wert anderer Beteiligungen (z. B. Aktien) und der gemeine Wert von Wirtschaftsgütern, die innerhalb der letzten zwei Jahre eingebracht wurden[32].

Der Veräußerungsgewinn als Differenz aus gemeinem Wert und Buchwert deiner GmbH-Anteile – dieser entspricht deinem Anteil am Eigenkapital der GmbH – ist dann als Einkommen aus Kapitalerträgen mit der Abgeltungssteuer oder nach dem Teileinkünfteverfahren zu versteuern. Vereinfachend rechnen wir an dieser Stelle mit der Abgeltungssteuer in Höhe von 26,375% inklusive Solidaritätszuschlag.

Als Alleingesellschafterin ihrer PR-Agentur kann Claudia die GmbH-Anteile steuerfrei an ihre Holding-GmbH übertragen. Darüber hinaus hatte sie vor ein paar Jahren 25% an einer Sanitär-GmbH geerbt.

Um zu beurteilen, ob es sich für sie lohnt, auch die Anteile an der Sanitär-GmbH an ihre Holding zu übertragen, beauftragt sie ihre Steuerberatung mit der Berechnung der Steuerlast.

Claudias Steuerberatung meldet ihr, dass die Übertragung ihrer Anteile an der Sanitär-GmbH zu einer Besteuerung in Höhe von über 150.000 Euro führen würde *(siehe Rechnung 12).*

---

[29] Bewertungsgesetz (BewG) § 199 – Anwendung Ertragswertverfahren

[30] Bewertungsgesetz (BewG) § 201 und §202 – Ermittlung des Jahresertrags

[31] Bewertungsgesetz (BewG) § 203 – Kapitalisierungsfaktor

[32] Bewertungsgesetz § 200 – Vereinfachtes Ertragswertverfahren – Abs. 2-4

Rechnung 12: Besteuerung von Veräußerungsgewinnen bei Anteilsübertragung nach Ertragswertverfahren

Die Gewinne der Sanitärfirma in den letzten drei Jahren beliefen sich auf 150.000€, 175.000€ und 200.000€; das Eigenkapital beträgt 55.000€.

	Ertrag Jahr -3	150.000 €
+	Ertrag Jahr -2	175.000 €
+	Ertrag Jahr -1	200.000 €
÷ 3	**Zukünftig nachhaltig erzielbarer Jahresertrag**	**175.000 €**
×	Kapitalisierungsfaktor	13,75
=	**Ertragswert**	**2.406.250 €**
+	Gemeiner Wert des nicht betriebsnotw. Vermögens	0 €
+	Gemeiner Wert der Anteile an Beteiligungen	0 €
+	Gemeiner Wert eingebrachter Wirtschaftsgüter (2J)	0 €
=	**Gemeiner Wert des Unternehmens**	**2.406.250 €**
×	Anteil am Unternehmen	25%
=	**Gemeiner Wert des Unternehmensanteils**	**601.563 €**
–	Buchwert (= Anteil am Eigenkapital): 25% von 55.000 €	13.750 €
=	**Veräußerungsgewinn vor Steuern**	**587.813 €**
–	Abgeltungssteuer plus Soli (25% + 1,375%)	155.036 €
+	Sparer-Pauschbetrag	801 €
=	**Abgeltungssteuer**	**154.235 €**
	Steuerquote basierend auf Ø Jahresertrag	*88%*

Sie hat in den letzten drei Jahren aus ihrem 25%-Anteil an der Sanitärfirma durchschnittlich 40.000 Euro jährlich Dividenden bezogen. Durch die Holding reduziert sie ihre Steuerlast auf diese Dividenden von 26,375% auf 1,5%. Sie spart also rund 10.000 Euro Steuern auf die Dividenden im Jahr. Bei fortlaufenden Dividenden in dieser Höhe bräuchte Claudia 15 Jahre, bis die Steuervorteile die Einmalversteuerung bei der Anteilsübertragung übersteigen.

Wie du in *Rechnung 12* sehen kannst, fallen Buchwert und Sparer-Pauschbetrag bei der Berechnung kaum ins Gewicht. Für eine Überschlagsberechnung der Besteuerung kannst du daher einfach den

Durchschnittsertrag der letzten drei Jahre mit deinem Gesellschaftsanteil, dem Kapitalisierungsfaktor von 13,75 und der Abgeltungssteuer von 26,375% multiplizieren.

Diese Steuerlast ist eine Investition in künftige Steuervorteile. Natürlich muss sich diese Investition auch rechnen. Auf Basis der geringeren Besteuerung von Dividenden amortisiert sich diese Investition bei gleichbleibenden Gewinnen nach ca. 15 Jahren – das entspricht einer Kapitalrendite von ca. 6,6%.

Das erschließt sich schnell, wenn wir bedenken, dass das bei der Übertragung herangezogene Ertragswertverfahren den Unternehmensertrag mit dem Kapitalisierungsfaktor von 13,75 multipliziert. Das bedeutet nichts anderes, als dass die Dividenden der nächsten 13,75 Jahre bei Übertrag mit einem Schlag besteuert werden. Die Besteuerung wird somit vorgezogen, denn die Dividenden fließen fast steuerfrei an die Holding. Da bei der Sofort-Besteuerung auch der Sparer-Pauschbetrag nur einmal abgezogen wird, ist die Amortisationszeit mit 15 Jahren etwas höher als der Kapitalisierungsfaktor.

Die Investition in die Holding bringt dir also eine Kapitalrendite von rund 6,6% – solange deine GmbH gleichbleibende Gewinne erwirtschaftet. **Wenn die GmbH ihren Gewinn Jahr für Jahr um 20% erhöhen kann, amortisiert sich deine Investition schon nach sieben Jahren – das entspricht einer Kapitalrendite von 15%. Je höher das Wachstum, desto schneller amortisiert sich die Investition in die Übertragung der Anteile an die Holding.**

Planst du einen Verkauf deiner GmbH-Anteile, beschleunigt das die Amortisation ungemein, da die Verkaufserlöse in der Holding-GmbH überwiegend steuerfrei sind.

Laut Deutscher Unternehmerbörse[33] liegt das EBIT-Multiple für die Unternehmensbewertung von kleinen und mittleren Unternehmen im Mittel bei ca. 5. EBIT steht für „Earnings Before Interest and Taxes“ und

[33] Deutsche Unternehmerbörse: KMU-Multiples

entspricht dem Jahresertrag. **Ein EBIT-Multiple von 5 besagt, dass das Unternehmen wahrscheinlich zum 5-fachen des Jahresertrags verkauft werden kann.** Die Amortisationszeit verkürzt sich entsprechend um das erzielbare EBIT-Multiple in Jahren. Bei höherem Wachstum oder strategischem Interesse des Käufers können natürlich auch höhere Multiples erzielt werden.

Das EBIT-Multiple ist nichts anderes als der Kapitalisierungsfaktor des Marktes. **Der Fiskus legt somit bei der Berechnung des gemeinen Wertes einen fast dreimal so hohen Kapitalisierungsfaktor zugrunde wie der Markt.**

Rechnung 13: Bewertung der Anteilsübertragung

Claudia hatte ihren 25%igen Anteil an der Sanitär-GmbH auch in Vorbereitung eines künftigen Verkaufs auf ihre Holding-GmbH übertragen. Und tatsächlich, 10 Jahre nach der Übertragung verkauft sie den Anteil zum 5-fachen EBIT bzw. Jahresertrag. Die Erträge der Sanitärfirma lagen in den letzten Jahren stabil bei ca. 160.000 Euro. Auf Claudias 25%-Anteil entfielen entsprechend 40.000 Euro jährlich. Der Verkaufserlös betrug 200.000 Euro.

Hätte sie den Anteil noch in ihrem Privatvermögen gehalten, hätte sie auf den Verkaufserlös Abgeltungssteuer in Höhe von 52.750 Euro zahlen müssen (26,375 % inkl. Solidaritätszuschlag).

Ihre Holding-GmbH zahlt auf den Verkaufserlös jedoch nur 1,5% Steuern auf den Verkaufserlös, also 3.000 Euro. Das sind ca. 50.000 Euro Steuern weniger als im Privatvermögen.

In den 10 Jahren bis zum Verkauf hat sie mit der Holding jährlich 10.000 Euro Steuern auf die Gewinnausschüttungen gespart, in Summe 100.000 Euro. Die Steuerersparnis beim Verkauf hinzugerechnet, hat die Übertragung des GmbH-Anteils an die Holding einen Steuervorteil von 150.000 Euro gebracht. Claudia musste bei der Übertragung des Anteils vor 10 Jahren jedoch auch 150.000 Euro Steuern zahlen. Die Übertragung ihres Anteils der Sanitärfirma von ihrem Privatvermögen an ihre Holding-GmbH hat sich für Claudia nicht gelohnt.

Claudias Situation in *Rechnung 13* zeigt, dass Gesellschafter, die nicht über die Mehrheit der Stimmanteile verfügen, sich die Übertragung von Gesellschaftsanteilen vom Privatvermögen an die Holding genau überlegen müssen.

Es gibt aber zwei Konstellationen, in denen du die Steuerlast bei der Anteilsübertragung auf die Holding mindern kannst:

1) Will ein Mehrheitsgesellschafter die eigenen Anteile auch auf eine Holding übertragen, kannst du diesen vielleicht zu einem internen Steuerausgleich bewegen. Denn nur, wenn du deine Anteile auch überträgst, vermeidet ihr einen Interessenkonflikt bei den Gewinnausschüttungen.

2) Bei hoher Steuerlast (mehr als 50.000 Euro) können sich alternative Steuergestaltungen lohnen. Dafür solltest du dich dann an eine auf Übertragungen spezialisierte Steuerberatung wenden.

Unter Berücksichtigung der Besteuerung der Anteilsübertragung einerseits und der Steuervorteile auf Gewinnausschüttung und Veräußerungserlösen nach der Übertragung andererseits, können wir folgende Indikatoren zur Entscheidungsfindung ableiten: Eine lohnenswerte Übertragung ist desto wahrscheinlicher,

- je höher das aktuelle und künftige Ertragswachstum ist (und damit auch der Wert der Gesellschaft und die erwartbaren Gewinnausschüttungen);

- je höher die Wahrscheinlichkeit eines Verkaufs ist;

- je höher das zu erwartende EBIT-Multiple beim Verkauf ist;

- je länger der übertragende Anteil von der Holding bis zum Verkauf gehalten wird.

Basierend auf deiner Einschätzung dieser Indikatoren kannst du einen möglichen künftigen Steuervorteil den Kosten der Übertragung gegenüberstellen.

Unternehmergold-Tipp:

Mit dem Steuerrechner auf www.unternehmergold.de/steuern-bonus kannst du auch berechnen, wie hoch die Übertragung deiner Unternehmensanteile an die Holding besteuert wird und wie lange es dauert, bis die Steuervorteile die Steuerinvestition amortisieren.

Fahrplan zur Holding

Basierend auf den vorherigen Ausführungen zu den Steuervorteilen der Holding und der Besteuerung bei der Übertragung können wir ableiten, wann du die Holdingstruktur spätestens einführen solltest. Die Holding-GmbH kostet dich schließlich um die 1.000 Euro pro Jahr.

Wenn du Alleingesellschafter*in des operativen Unternehmens bist, kannst du dir mit der Holding Zeit lassen. Du kannst deine Unternehmensanteile jederzeit steuerfrei via qualifizierten Anteilstausch auf eine Holding übertragen. Mit einer Einschränkung: Die Übertragung an die Holding sollte wenigstens sieben Jahre vor dem Verkauf von Anteilen erfolgen, da die Übertragung sonst nachträglich besteuert wird.

Wenn du im operativen Unternehmen noch Mitgesellschafter hast, du aber die Mehrheit der Anteile hältst, könntest auch du eigentlich jederzeit vom qualifizierten Anteilstausch und der steuerfreien Übertragung der Anteile auf die Holding Gebrauch machen. Du solltest aber bei deiner Planung unbedingt die Situation deiner Mitgesellschafter berücksichtigen, denn die können ihre Anteile nicht steuerfrei auf die Holding übertragen. Wenn deine Mitgesellschafter ihre Anteile nicht auch über eine Holding halten, riskierst du dauerhafte Konflikte bei Gesellschaftsbeschlüssen. Als Mehrheitsgesellschafter*in könntest du die Ausschüttungen zwar durchsetzen, aber das verschiebt den Konflikt vermutlich nur auf Nebenschauplätze mit einer großen Gefahr, dass andere Beschlüsse blockiert werden. **Meine klare Empfehlung ist daher, dass du als Mehrheitsgesellschafter*in deinen Zeitplan zur Übertragung nach den Minderheitsgesellschaftern richtest.**

Wenn du nicht Mehrheitsgesellschafter*in bist, solltest du deine Unternehmensanteile auf die Holding übertragen, bevor das Unternehmen nennenswerte Erträge erzielt. Ohne Erträge kein Veräußerungsgewinn. Ohne Veräußerungsgewinn keine Steuern bei der Übertragung der Anteile. **Du solltest die Anteile in jedem Fall rechtzeitig übertragen, bevor eine externe Bewertung der Anteile erfolgt,** beispielsweise im Zuge einer Wagniskapitalfinanzierung. Unabhängig davon, ob es überhaupt Erträge gibt, würde die Steuerlast bei der Übertragung auf dieser externen Bewertung basieren und nicht auf dem Ertragswertverfahren.

Welche fünf Goldenen Regeln du bei der Holding befolgen solltest

Du hältst deine Vermögenswerte zu einem überwiegenden Anteil in der Holding-GmbH – Du solltest daher unbedingt dafür sorgen, dass deine Vermögenswerte in der Holding auch sicher sind.

Befolge diese fünf Goldenen Regeln und deine Vermögenswerte sind sicher:

1) **Behalte die vollständige Kontrolle!**
2) **Vermeide größere Verlustrisiken!**
3) **Bewahre die Trennung zu Tochtergesellschaften!**
4) **Entnimm nur so viel Kapital wie nötig!**
5) **Mach deine Holding unsterblich!**

Schauen wir uns die fünf Goldenen Regeln etwas näher an.

1. Goldene Regel: Behalte die vollständige Kontrolle!

Da dein Vermögen in der Holding ist, sollte die Holding vollständig unter deiner Kontrolle sein. **Idealerweise bist und bleibst du Alleingesellschafter*in der Holding.** Solltest du andere beteiligen, z. B. deine Kinder als vorgezogene Erbschaft, sichere über die Satzung deine beherrschende Stellung und Kontrolle ab.

2. Goldene Regel: Vermeide größere Verlustrisiken!

Das Verlustrisiko jeder Investition sollte unbedingt auf die Investition beschränkt sein. Du kannst bei jeder Investition einen Totalverlust des investierten Kapitals verkraften (wenn du Aktien gekauft hast und das Unternehmen insolvent wird, zum Beispiel). Dafür hast du nicht dein ganzes Kapital in einer Investition gebunden. Du kannst es aber nur schwer verkraften, wenn der Verlust um ein Vielfaches größer sein kann als das eingesetzte Kapital (bei Optionsgeschäften und Leerverkäufen, zum Beispiel).

Du solltest bei allen Tätigkeiten und Investitionen in der Holding auf die Begrenzung von Haftungs- und Verlustrisiken achten. **Kannst du die Haftung nicht begrenzen, solltest du diese Geschäfte in Tochtergesellschaften deiner Holding verlagern.**

3. Goldene Regel: Bewahre die Trennung zu Tochtergesellschaften!

Bei einer strikten wirtschaftlichen Trennung zwischen Holding und Tochtergesellschaften sind Verluste und Haftungsrisiken jeweils in den Tochtergesellschaften gefangen. Die Holding ist die Brandmauer zwischen den operativen Risiken in Tochtergesellschaften und deinem Vermögen. Auch wenn es Tochtergesellschaften wirtschaftlich schlecht geht, selbst bei Insolvenz, überlebt die Holding und dein Vermögen in der Holding bleibt geschützt.

Beispielsweise durch Bürgschaften der Holding an Tochtergesellschaften oder Gewinnabführungsvereinbarungen *(siehe Exkurs weiter unten)* wird die Trennung aufgeweicht, die Brandmauer durchlässig und wirtschaftliche Risiken in die Holding hineingezogen. Diese Aufweichung ist gefährlich für das Vermögen in der Holding.

Exkurs: Gewinnabführung und Verlustverrechnung

Verluste sind üblicherweise in den Tochtergesellschaften ‚gefangen' und können nicht mit den Gewinnen der Holding oder anderer Tochtergesellschaften verrechnet werden.

Durch Gewinnabführungsverträge zwischen Holding und Tochtergesellschaft(en) können Gewinne und Verluste von der Tochter in die Holding gezogen werden. Auf Ebene der Holding können Gewinne dadurch mit Verlusten der Tochter verrechnet und das zu versteuernde Einkommen der Holding gemindert werden.

Der Nachteil dieser steuerlichen Verrechnung ist, dass die Holding durch den Gewinnabführungsvertrag auch das Verlustrisiko der Tochtergesellschaft übernimmt. Damit entfällt die Verlust- und Haftungsbegrenzung auf das Vermögen der Tochtergesellschaft. Bei Beteiligungs- und Vermögensholdings sollte die Gewinnabführung daher unbedingt vermieden werden.

4. Goldene Regel: Entnimm nur so viel Kapital wie nötig!

Häufig höre ich die Frage: **Wie kann die Holding sinnvoll sein, wenn doch irgendwann bei Gewinnentnahme noch einmal alles privat versteuert werden muss?**

Antwort: **Dein Vermögen bleibt in der Holding – für immer!**

Du entnimmst deiner Holding nur so viel, wie du zum Lebensunterhalt und für deinen privaten Konsum benötigst. Wenn du aus anderen Quellen, z.B. als Gehalt für die Geschäftsführung der Operativ-GmbH, ausreichend Einkommen erzielst, brauchst du keine zusätzlichen Entnahmen aus deiner Holding. Die Erträge deiner Holding sollten in der Regel deine Entnahmen übersteigen. Dein Vermögen in der Holding nimmt also zu.

Du lässt das Vermögen in deiner Holding für dich arbeiten, damit du finanziell frei bist und nicht für Geld arbeiten musst. Damit du frei bist, an den Projekten zu arbeiten, die deiner Mission und Passion entsprechen.

Je größer dein produktives Holding-Vermögen ist, desto mehr passive Erträge kann deine Holding erwirtschaften. Natürlich kannst du dann auch deine Privatausgaben erhöhen. Aber vor allem kannst du dann auch größere Projekte stemmen und höhere Investitionsrisiken eingehen (die dann aber in Tochtergesellschaften gefangen sein sollten).

Da du möglichst nicht die Substanz der Holding angreifst, wird die Holding dich aller Voraussicht nach überleben. Die Holdingstruktur bietet dir umfangreiche Gestaltungsmöglichkeiten für Schenkungen und Erbschaften. Auch für den Erbfall gilt, dass Vermögenswerte in Kapitalgesellschaften steuerlich deutlich bessergestellt sind als im Privatvermögen.

5. Goldene Regel: Mach deine Holding unsterblich!

Wenn du die vier vorhergehenden Regeln befolgst, dann wird dich deine Holding überleben.

Deine Holding sichert dein Vermögen durch Trennung von operativen Risiken in Tochtergesellschaften. Durch eine deutlich geringere Steuerlast beschleunigt die Holding deinen Vermögensaufbau. Hinzu kommen noch Steuervorteile bei der Altersvorsorge in der Holding *(näheres dazu im fünften Steuerhebel ab Seite 145)*.

Da du im Laufe deines Lebens durch die Holding mehr Vermögen aufbaust als ohne Holding, erhöht die Holding die Wahrscheinlichkeit, dass du trotz höherem Konsum und Methusalem-Alter das Vermögen in der Holding nicht aufbrauchen wirst. Damit wird die Holding dich überleben und an deine Erben fallen.

Deine Holding wird unsterblich.

Zusammenfassung:
Die Holding für dein Vermögen

In diesem zweiten Steuerhebel hast du die Holding kennengelernt und wie gut dein Vermögen in der Holding aufgehoben ist.

Bezogen auf die Holding ist wichtig:

- dass dein Vermögen in der Holding zwar nicht mehr dein direktes Eigentum ist, es aber vollständig in deiner Kontrolle und damit noch immer in deinem Besitz ist;
- dass die Offenlegungspflicht der Holding nicht so schlimm ist, wie es sich anhört: verkürzte Bilanz reicht.

Bezogen auf die Besteuerung sind die wichtigsten Erkenntnisse:

- dass Veräußerungsgewinne für die Holding fast steuerfrei sind (nur 1,5% Steuern) – im Privatvermögen jedoch 26% Steuern anfielen;
- dass die Holding auch auf Dividenden nur 1,5% statt 26% Steuern zahlt, wenn sie mehr als 15% an der ausschüttenden Tochter hält;
- dass der Steuervorteil der Holding in Höhe von 25 Prozentpunkten einem Investitionsvorsprung von acht Jahren entspricht;
- dass möglichst alle Gesellschafter eine Holding haben sollten, um Konflikte bei Gewinnausschüttungen zu vermeiden;
- dass die Holding nicht nur Vermögen verwalten, sondern auch gewerbliche Leistungen erbringen sollte, um nicht den Vorsteuerabzug zu verlieren.

Für den Aufbau der Holding-Struktur hast du gelesen:

- dass du Holding-GmbH und Tochter-GmbH in Stafette mit nur einer Stammeinlage gründen kannst;

- dass für Mehrheitsgesellschafter die Anteilsübertragung an die Holding steuerfrei ist;
- dass für Minderheitsgesellschafter die Anteilsübertragung ziemlich teuer sein kann;
- dass daher die Anteile möglichst vor Gewinnerzielung oder externer Finanzierung an die Holding übertragen werden sollten.

Du hast die Fünf Goldenen Regeln für die Holding kennengelernt:

1) Behalte die vollständige Kontrolle!
2) Vermeide größere Verlustrisiken!
3) Bewahre die Trennung zu Tochtergesellschaften!
4) Entnimm nur so viel Kapital wie nötig!
5) Mach deine Holding unsterblich!

Mit einer Holding gewinnst du zudem mehr Möglichkeiten, dein Gehalt zu gestalten. Dank der Holding kannst du beispielsweise die Vergütung für die Geschäftsführung von deinem persönlich zu versteuerndem Gehalt trennen.

Wie das geht, schauen wir uns im nächsten Steuerhebel an.

3.

Steuerhebel:

Geld steueroptimal aus der GmbH ziehen

Viele Unternehmerinnen und Unternehmer machen den Fehler, dass sie sich ein zu hohes Gehalt auszahlen. Eine Auszahlung als Gehalt ist steuerlich zwar günstiger als eine Gewinnausschüttung, aber durch die persönliche Besteuerung dennoch vergleichsweise teuer.

Aus dem ersten Steuerhebel zur Besteuerung der GmbH weißt du, dass in der GmbH verbleibende Gewinne niedriger besteuert werden als Gehälter oder Gewinnausschüttungen.

Dennoch hast du vermutlich ein großes Interesse, eine möglichst hohe Vergütung für die Geschäftsführung zu erhalten – vor allem, wenn die Operativ-GmbH nicht dir allein gehört. **Wie kannst du aus der Operativ-GmbH eine hohe Vergütung für die Geschäftsführung herausziehen und gleichzeitig dein Gehalt und damit deine persönliche Besteuerung möglichst niedrig halten?** Die Lösung bietet die Holding.

Wenn du Gewinnausschüttungen an dich persönlich vermeidest und dir auch kein hohes Gehalt auszahlst, dann brauchst du noch ein weiteres Werkzeug. Ohne dieses Werkzeug kämst ohne höhere Besteuerung nicht an das Kapital der GmbH heran – das Kapital wäre in der GmbH gefangen.

Das Werkzeug, das das Kapital aus der GmbH befreit und dich das Kapital flexibel zuteilen lässt, heißt Darlehen.

In diesem dritten Steuerhebel wirst du erfahren, wie du deine persönliche Besteuerung möglichst niedrig hältst und mithilfe von Darlehen flexibel Kapital aus der GmbH ziehen kannst.

Wie du dein Gehalt steueroptimal gestaltest

Mit einer Holding hast du nicht nur zwei Gesellschaften und dadurch mehr Gestaltungsspielraum. **Solltest du einen Anstellungsvertrag mit der Operativ-GmbH haben? Oder mit der Holding-GmbH? Oder beides?**

Deine beste Option: **Anstellung und Gehalt nur bei der Holding-GmbH; diese übernimmt für die Operativ-GmbH die Geschäftsbesorgung und erhält dafür eine Vergütung.**

Dadurch erreichst du dreierlei:

Erstens: Durch einen Geschäftsbesorgungsvertrag trennst du die Höhe der Vergütung für die Geschäftsführung der Operativ-GmbH von der Höhe deines zu versteuernden Gehaltes.

Zweitens: Die Holding-GmbH erzielt mit der Geschäftsbesorgung umsatzsteuerpflichtige Leistungen und sichert sich somit den Vorsteuerabzug *(siehe Besteuerung von gewerblichen Tätigkeiten in der Holding ab Seite 72)*.

Drittens: Die Gehaltszahlung der Holding-GmbH ermöglicht die Zusage einer Pension, über die du steuerbefreit für das Alter vorsorgen kannst *(mehr dazu fünften Steuerhebel ab Seite 145)*.

Welche Vorteile dir die Anstellung bei deiner Holding bietet

Du bist sowohl bei der Operativ-GmbH als auch bei deiner Holding-GmbH als Geschäftsführer*in bestellt. Statt dich direkt anzu-

stellen, beauftragt die operative GmbH die Holding mit der Geschäftsführung und zahlt dieser dafür eine Vergütung. Dadurch lässt sich deine Geschäftsführungsvergütung von der Operativ-GmbH von deinem persönlichen Einkommen entkoppeln.

Es wird zwischen gesellschaftsrechtlicher Bestellung von Geschäftsführenden und der dienstrechtlichen Anstellung unterschieden. Bei einer GmbH bestellte Geschäftsführende müssen somit nicht unbedingt bei dieser GmbH angestellt sein. Häufig sind Alleingesellschafter*innen einer Holding-GmbH als Geschäftsführer*innen der Holding bestellt, haben aber mit dieser keinen Anstellungsvertrag und erhalten auch keine Vergütung für die Geschäftsführung.

Da Bestellung und Anstellung nicht zusammenfallen müssen, ist es auch möglich, dass bestellte Geschäftsführer*innen bei einer anderen Gesellschaft angestellt sind. Bei abhängigen Gesellschaften, beispielsweise in Konzernen, ist es recht häufig der Fall, dass bei der Mutter angestellte Manager die Geschäftsführung bei Tochtergesellschaften übernehmen.

Entsprechend kannst du bei der Operativ-GmbH als Geschäftsführer*in bestellt sein, aber nur mit deiner Holding-GmbH einen Anstellungsvertrag geschlossen haben.

Die Operativ-GmbH beauftragt die Holding-GmbH mit der Geschäftsbesorgung und schließt mit dieser zu diesem Zweck eine Vergütungsvereinbarung ab.

Aus Sicht der Operativ-GmbH bist du bei einer dritten Partei angestellt –das wird als ‚Drittanstellung' bezeichnet. **Nach außen wird nicht sichtbar, dass du als Geschäftsführer*in nicht bei der Operativ-GmbH angestellt bist. Auch auf deine Rechte und Pflichten als Geschäftsführer*in der Operativ-GmbH hat diese Gestaltung keine Auswirkungen.**

Abbildung 8:
Geschäftsbesorgung und Anstellung über Holding

Normalerweise greift bei einer Drittanstellung von Angestellten das Arbeitnehmerüberlassungsgesetz (AÜG). Da du in der Holding-GmbH jedoch eine beherrschende Stellung innehast, greift das AÜG in diesem Fall nicht.

Auf Basis der geschlossenen Vergütungsvereinbarung stellt die Holding-GmbH der Operativ-GmbH die Leistung für die Geschäftsbesorgung in Rechnung. **Für die Operativ-GmbH ändert sich steuerlich nichts gegenüber der Direktanstellung – die Geschäftsführungsvergütung ist ein Aufwand, wie es auch die direkte Gehaltszahlung wäre.**

Für die Holding-GmbH bedeutet die Vergütung einen gewerblichen und umsatzsteuerbaren Ertrag. Wie schon vorweggeschickt: **Durch den umsatzsteuerbaren Ertrag sichert sich die Holding-GmbH die Fähigkeit zum Vorsteuerabzug.**

Du schließt wiederum mit deiner Holding-GmbH einen Anstellungsvertrag, in dem auch deine Geschäftsführungsvergütung geregelt ist. Da du Alleingesellschafter*in deiner Holding bist, kannst du die Höhe deines Gehaltes nach deinen Bedürfnissen optimieren. Wie hoch dein Gehalt sein sollte, erfährst du im nächsten Kapitel.

Zuvor noch ein Nachtrag: Das hier beschriebene Prinzip gilt natürlich auch, wenn du nicht Geschäftsführer*in der Operativ-GmbH bist, sondern in einer anderen Rolle für diese tätig bist. Auch dann kann die Operativ-GmbH deine Holding mit der Leistungserbringung beauftragen, statt dich direkt anzustellen.

Wie hoch dein Gehalt von der Holding sein sollte

Als Alleingesellschafter*in deiner Holding-GmbH legst du allein dein Gehalt fest – und kannst es daher steuerlich optimieren.

Die entscheidende Frage dazu lautet: **Solltest du einen in der Holding-GmbH erwirtschafteten Euro lieber auf Ebene der Holding oder persönlich versteuern?**

Die Steuerquote auf Ebene der Holding beträgt rund 30%. Deine persönliche Einkommensteuerquote ist von der Höhe deines gesamten Einkommens abhängig. Bis zu einem Einkommen von ca. 30.000 Euro liegt der Grenzsteuersatz der Einkommensteuer unter 30%. Übersteigt dein Einkommen die Schwelle von 30.000 Euro, liegt der Grenzsteuersatz über 30% und steigt an bis zum Spitzensteuersatz von 42% ab einem Einkommen über 58.597 Euro (bzw. Reichensteuersatz von 45% für jeden Euro Einkommen über 277.826 Euro).

Daraus folgt: **Bis zu einem Einkommen von 30.000 Euro ist deine persönliche Besteuerung niedriger als die Besteuerung auf Ebene der Holding.** Die geringste Steuerlast liegt demnach bei einem Geschäftsführungsgehalt, das dein Einkommen bis auf 30.000 Euro erhöht. Bei einem Brutto-Jahreseinkommen von 30.000 Euro verbleibt nach Einkommensbesteuerung ein Netto von ca. 25.000 Euro.

Dein Einkommen sollte nach Steuern aber auch ausreichen, deine Kosten zur privaten Lebensführung zu decken. Was das bedeutet, entscheidest du allein. Wenn du für deinen privaten Konsum mehr als 25.000 Euro pro Jahr benötigst, solltest du dein Geschäftsführungsgehalt dementsprechend höher ansetzen.

Wie hoch sollte dein Gehalt in der Holding somit sein? **Dein Gehalt in der Holding sollte wenigstens 30.000 Euro betragen, aber nicht mehr, als du für den privaten Konsum benötigst.**

Alles, was über deinen Bedarf der privaten Lebensführung hinaus geht, wirst du sicherlich in irgendeiner Form zurücklegen oder investieren. Aufgrund der geringeren Besteuerung auf Ebene der GmbH sollten diese Investitionen aus der Holding-GmbH heraus erfolgen.

Wie hoch die Vergütung für die Geschäftsbesorgung sein sollte

Die Vergütung der Holding-GmbH für die Besorgung der Geschäfte der Operativ-GmbH sollte angemessen sein. Doch was heißt das?

Bist du Alleingesellschafter*in der Operativ-GmbH, sollte die Vergütung für die Geschäftsbesorgung an die Holding höher sein als die für die Pensionszusage benötigten Rückstellungen. Nur dann kannst du den Steuervorteil der Pensionszusage in der Holding voll nutzen *(näheres dazu im fünften Steuerhebel zur Altersvorsorge ab Seite 145).*

Wenn die Operativ-GmbH außer dir noch weitere Gesellschafter hat, bist du natürlich an einer möglichst hohen Vergütung für die Geschäftsbesorgung interessiert. Jeder Euro Vergütung, den deine Holding bezieht, reduziert ihren Anteil am Unternehmensertrag nur in der Höhe deines Gesellschaftsanteils. Hältst du über die Holding 50% der Operativ-GmbH, hat jeder Euro Vergütung eine Verringerung deines Gewinnanteils von 0,50 Euro zur Folge. Beträgt dein Anteil 20%, kostet dich jeder Euro Vergütung nur 0,20 Euro deines Gewinnanteils.

Die Höhe der Vergütung für die Geschäftsbesorgung obliegt demnach deinem Verhandlungsgeschick – so wie es auch bei deiner Vergütung als Geschäftsführer*in bei einer Direktanstellung bei der Operativ-GmbH wäre.

Wie für Geschäftsführungsgehälter gilt auch für Vergütung für die Geschäftsbesorgung an die Holding: Um die Einstufung als verdeckte Gewinnausschüttung zu vermeiden, darf die Vergütung nicht höher sein, als unter Fremden üblich.

Wie hoch der Steuervorteil durch die Drittanstellung ist

Wärst du bei der Operativ-GmbH direkt angestellt, müsstest du dein Gehalt als persönliches Einkommen versteuern. **Durch die Geschäftsbesorgung mit der Operativ-GmbH und die Drittanstellung bei der Holding-GmbH, kannst du die Geschäftsführungsvergütung für die Holding maximieren und gleichzeitig dein Gehalt steuerlich optimieren.**

Nach dem Verkauf seiner Personalberatung wird Sven die Geschäftsführung einer Projektentwicklungsfirma angeboten. Die Vergütung soll 100.000 Euro jährlich betragen.

Sven hat für seine Investitionen mittlerweile auch eine Holding-GmbH und möchte nun berechnen *(siehe Rechnung 14)*, welchen steuerlichen Vorteil er erzielen kann, wenn die Projektentwicklungsfirma seine Holding mit der Geschäftsbesorgung beauftragen würde, statt ihn direkt anzustellen.

Rechnung 14: Steuervorteil durch Drittanstellung

Bei einer Direktanstellung müsste Sven die gesamte Vergütung in Höhe von 100.000 Euro persönlich als Einkommen versteuern:

	Geschäftsführungsgehalt	**100.000 €**
–	Einkommensteuer (inkl. SolZ)	34.089 €
=	**Gehalt nach Steuern**	**65.911 €**
	Steuerquote Einkommensteuer	*34,1 %*

Für seinen Lebensunterhalts benötigt Sven ein Jahreseinkommen von 30.000 Euro. Das entspricht einem Gehalt von 40.000 Euro vor Steuern. Svens Holding erhält für die Geschäftsbesorgung 100.000 Euro und zahlt Sven ein Gehalt in Höhe von 40.000 Euro. Das bedeutet für die Holding:

		Svens Holding
	Vergütung für Geschäftsführung der Operativ-GmbH	100.000 €
–	Geschäftsführungsgehalt	40.000 €
=	**Zusätzlicher Ertrag vor Steuern**	**60.000 €**
–	GewSt + KSt inkl. SolZ (30 %)	18.000 €
=	**Zusätzlicher Ertrag nach Steuern**	**42.000 €**

Statt 100.000 Euro versteuert Sven jetzt nur sein Geschäftsführungsgehalt von der Holding-GmbH in Höhe von 40.000 Euro persönlich.

	Geschäftsführungsgehalt	40.000 €
–	**Einkommensteuer (inkl. SolZ)**	**7.905 €**
=	**Gehalt nach Steuern**	**32.095 €**
	Steuerquote Einkommensteuer	*19,8 %*

Bezogen auf die Gesamtvergütung in Höhe von 100.000 Euro zahlt Sven durch die Drittanstellung über 8.184 Euro weniger Steuern.

		Direktanstellung	**Drittanstellung**
	Einkommensteuer (inkl. SolZ)	34.089 €	7.905 €
+	GewSt + KSt inkl. SolZ (30 %)		18.000 €
=	**Steuern gesamt**	**34.089 €**	**25.905 €**
	Steuervorteil Drittanstellung		**8.184 €**

Rechnung 14 verdeutlicht die steuerlichen Vorteile der Drittanstellung. **Je höher der Unterschied zwischen der angemessenen Geschäftsführungsvergütung und dem tatsächlich für deinen Lebensunterhalt benötigten Einkommen ist, desto größer ist der Steuervorteil, der zum Investieren in der Holding verbleibt.**

Die Differenz aus den Einkünften deiner Holding für die Geschäftsbesorgung bei der operativen GmbH und deinem Geschäftsführungsgehalt verbleibt als Ertrag in der Holding und kann zur weiteren Vermögensmehrung investiert werden.

Welche Möglichkeiten zur Investition sich hierfür anbieten, ist der Schwerpunkt des vierten Steuerhebels *(ab Seite 115)*.

Wie du flexibel Einkommen und Kapital transferieren kannst

Gewinnausschüttungen an dich persönlich solltest du unbedingt vermeiden. Dein Gehalt solltest du auch möglichst gering halten. Du hast dich bestimmt schon gefragt, was die ganze Steueroptimierung soll, wenn du dann kaum noch über privates Kapital verfügst.

Keine Sorge, du wirst weiterhin genügend Kapital für private Investitionen haben – sogar mehr, als wenn du das Kapital über die üblichen Wege Gewinnausschüttung und Gehalt aus der GmbH gezogen hättest.

In diesem Kapitel erfährst du, wie du über das Kapital in der GmbH verfügen kannst, ohne es persönlich versteuern zu müssen.

Bei deiner Operativ-GmbH, deiner Holding-GmbH und dir persönlich handelt es sich rechtlich gesehen um insgesamt drei Personen – zwei juristische und eine natürliche. Diese drei Personen können allerlei geschäftliche Vereinbarungen untereinander treffen.

Ich möchte mit dir beleuchten, welche Möglichkeiten sich neben Gehaltszahlungen und Gewinnausschüttungen bieten, um Einkommen oder Barmittel zwischen Operativ-GmbH, Holding-GmbH und dir persönlich zu verschieben, und was die steuerlichen Folgen sind.

Darlehensvereinbarungen

Darlehen bieten eine sehr einfache und flexible Möglichkeit, liquide Mittel zu transferieren – dorthin, wo sie gebraucht werden.

Der große Vorteil von Darlehen ist, dass durch sie zwar Kapital transferiert wird, jedoch kein Vermögen – denn dem erhaltenen Kapital steht eine Verbindlichkeit in gleicher Höhe gegenüber. Deswegen muss das Darlehen selbst beim Empfänger nicht versteuert werden.

Darlehensvereinbarungen ermöglichen die Trennung von Mittelherkunft und Mittelverwendung:

- Wenn du beispielsweise privates Vermögen hast und dieses zur Nutzung der Steuervorteile über die Holding investieren möchtest, kannst du das Kapital der Holding über ein Darlehen bereitstellen.

- Oder in umgekehrter Richtung: Deine Holding kann dir Darlehen für private Investitionen geben, z. B. für den Kauf einer selbstgenutzten Immobilie.

Darlehen der GmbHs an dich privat

Wenn du privat Kapital benötigst, können die Operativ-GmbH oder die Holding-GmbH dir Darlehen gewähren.

Willst du beispielsweise eine Immobilie zur eigenen Nutzung kaufen, dann kann die Holding dir dafür das Eigenkapital über ein Darlehen zur Verfügung stellen. Auf diese Weise hast du bis zu 20 Prozent mehr Eigenkapital, als wenn du das Kapital aus persönlich versteuertem Einkommen genommen hättest[34].

Wichtig dabei: **Für die Darlehensvereinbarung und die Konditionen muss es im Vorfeld einen Gesellschaftsbeschluss geben und die Vereinbarungen müssen schriftlich festgehalten werden.** Das gilt auch für Darlehen von deiner Holding-GmbH, deren Alleingesellschaf-

[34] Von 100 € Gewinn hat die GmbH nach Besteuerung von 70 €, die sie als Darlehen vergeben kann. Im persönlichen Einkommen blieben dir von 100 € Gehalt nach Besteuerung im Spitzensteuersatz nur 58 €.

ter*in du bist. Wenn man die vollständige Kontrolle hat, werden solche Formalitäten schnell vergessen. Bei einer Betriebsprüfung müssen die Vorgänge sauber dokumentiert werden können – sonst drohen hohe Nachforderungen der Finanzverwaltung.

Außerdem müssen Darlehensvereinbarungen und die Zinshöhe dem Fremdvergleich standhalten. Die Zinsen dürfen also nicht niedriger sein, als das Nicht-Gesellschaftern zugestanden worden wäre. Ansonsten besteht die Gefahr, dass die Zinsvergünstigung als verdeckte Gewinnausschüttung eingeordnet wird.

Bei Betriebsprüfungen der Finanzverwaltung sorgen Darlehensvereinbarung zwischen Gesellschaft und an ihr beteiligten Personen regelmäßig für Diskussionen.

Für die Prüfung der Fremdüblichkeit sind vor primär drei Kriterien entscheidend:

1) **Das Ob:** Wäre auch nicht beteiligten Personen ein Darlehen in der Höhe gegeben worden?

2) **Die Sicherheiten**: Hätte die Gesellschaft bei nicht beteiligten Personen auf höhere Sicherheiten bestanden?

3) **Die Zinshöhe**: Hätten nicht beteiligten Personen für Darlehen höhere Zinsen zahlen müssen?

Unternehmergold-Tipp:

Eine detaillierte Anleitung, wie du Darlehen der GmbH an dich persönlich so gestaltest, dass der Fremdvergleich erfüllt ist, verlinke ich dir auf meiner Webseite unter www.unternehmergold.de/darlehen.

Private Darlehen an die GmbHs

Um Investitionen deiner Holding oder der Operativ-GmbH zu finanzieren, kannst du diesen als Privatperson Darlehen gewähren.

Das ist eine gute Option, falls du ein hohes Privatvermögen hast, bei künftigen Investitionen aber lieber die Steuervorteile der Holding nutzen möchtest. Auch hier ist der Grundsatz der Fremdüblichkeit zu beachten: Bei einem zu hohen Zinssatz könnten die Zinsen als verdeckte Gewinnausschüttung besteuert werden.

Darlehen der GmbHs untereinander

Selbstverständlich können sich die GmbHs auch untereinander Darlehen einräumen. Meist wird das von der Holding in Richtung der Tochtergesellschaften der Fall sein, damit diese Investitionen vornehmen können.

Die Darlehenszinsen bedeuten für die darlehensgebende GmbH einen Ertrag und für die darlehensnehmende einen Aufwand. Insofern erfolgt hier eine Ertragsverschiebung von Darlehensnehmerin zu Darlehensgeberin in Höhe der Zinsen.

Vermietung und Verpachtung

Holding-GmbH, Operativ-GmbH und du als Privatperson können sich gegenseitig auch Immobilien und Maschinen vermieten oder verpachten.

Das kann sinnvoll sein, um das Immobilien- oder Maschinenvermögen vor dem Verlustrisiko der Operativ-GmbH zu schützen. Statt der Operativ-GmbH kauft beispielsweise die Holding die Immobilien oder Maschinen und vermietet diese dann an die Operativ-GmbH.

Abbildung 9: Vermietung einer Gewerbe-Immobilie durch die Immo-GmbH an die Operativ-GmbH

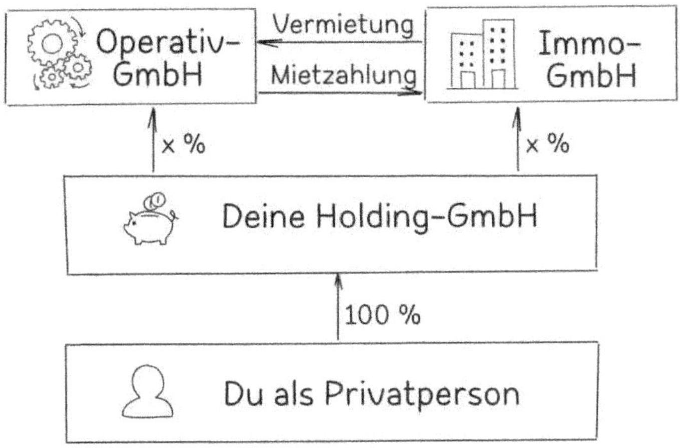

Lizenzgebühren

Schutzrechte auf Patente, Marken oder Urheberrechte können sehr wertvolle Vermögenswerte sein. In der Holding wären die Vermögenswerte besser vor operativen Risiken geschützt als im operativen Unternehmen. Es kann daher sinnvoll sein, dass diese Schutzrechte Eigentum der Holding-GmbH sind und von dieser an die Operativ-GmbH lizensiert werden – gegen Gebühren.

Allein aus steuerlichen Gründen lohnt sich das Verschieben von Erträgen durch Lizenzgebühren nicht – die Besteuerung wird nur von der Operativ-GmbH an die Holding-GmbH verschoben. Einen kleinen Steuervorteil gibt es: Die Holding spart die Steuern auf Gewinnausschüttungen in Höhe von 1,5%.

Steuerlich lohnt sich das nur, wenn der Sitz der Holding in einer Steueroase liegt, in der Lizenzgebühren und andere Erträge besonders niedrig besteuert werden. Das ist das gängige Modell der internationalen Steuervermeidung von Großkonzernen wie Amazon, Starbucks oder IKEA.

Für mich persönlich ist dieses Vorgehen ausgeschlossen. Ich hatte es in der Einführung schon geschrieben: Erträge zu erwirtschaften dank einer steuerfinanzierten Infrastruktur, ohne sich durch Zahlung von Steuern an deren Finanzierung zu beteiligen, ist aus meiner Sicht ein parasitäres Verhalten.

Zusammenfassung: Geld steueroptimal aus der GmbH ziehen

Durch den ersten Steuerhebel hast du erfahren, dass du deine Steuerlast optimierst, indem du Gewinnausschüttungen unbedingt vermeidest und dein Gehalt möglichst niedrig hältst.

Der zweite Steuerhebel hat dir gezeigt, wie du mithilfe einer Holding das Kapital beinahe steuerfrei aus der Operativ-GmbH herausbekommst.

Durch diesen dritten Steuerhebel weißt du nun, wie du dein Gehalt steueroptimal gestaltest:

- dass die Vergütung für die Geschäftsführung über einen Geschäftsbesorgungsvertrag von der Operativ-GmbH an die Holding fließen kann;
- dass du zwar bei beiden Gesellschaften als Geschäftsführer*in bestellt bist, aber nur bei der Holding angestellt sein solltest;
- dass du durch diese Geschäftsbesorgung die Vergütung für die Geschäftsführung von deinem Gehalt entkoppelst;
- dass dein Geschäftsführungsgehalt von der Holding nicht höher sein sollte, als du es für deinen Lebensunterhalt brauchst;
- dass die Holding mit der Geschäftsbesorgung umsatzsteuerpflichtige Leistungen erbringt und du somit in der Holding die Vorsteuer geltend machen kannst.

Außerdem hast du erfahren, wie du mittels Darlehen flexibel Kapital zwischen der Holding-GmbH, der Operativ-GmbH und dir persönlich verschieben kannst, ohne dass das zur Verfügung gestellte Kapital erneut versteuert werden musst.

4.

Steuerhebel:

Steuervorteile bei Investitionen nutzen

Durch den ersten Steuerhebel hast du den Einfluss der richtigen Rechtsform auf die Besteuerung deiner Unternehmensgewinne kennengelernt: Mit einer GmbH hast du nach Steuern bis zu 20% mehr investierbares Kapital als in einem Personenunternehmen.

Im zweiten Steuerhebel hast du erfahren, dass nicht nur dein Unternehmen eine passende Rechtsform benötigt, sondern auch dein Vermögen: Mit einer Holding kannst du die Gewinne aus deinem operativen Unternehmen fast steuerfrei ausschütten und trennst dein Vermögen damit von den operativen Risiken; Dividenden und Veräußerungsgewinne werden in der Holding niedriger besteuert, so dass nach Steuern sogar 33% mehr Kapital zum Investieren bleiben als im Privatvermögen.

Der dritte Steuerhebel hat dir gezeigt, wie du mittels Darlehen vorhandenes Kapital dahin verschieben kannst, wo es benötigt wird.

Durch die ersten drei Steuerhebel reduzierst du deine Steuerlast, machst deine Holding zu deiner persönlichen Privatbank und kannst gleichzeitig mithilfe von Darlehen sehr flexibel Kapital zuteilen.

Das sind ideale Voraussetzungen zum Investieren. **In diesem vierten Steuerhebel wirst du erfahren, wie die wichtigsten Vermögensinvestitionen besteuert werden und ob du diese privat oder besser über die Holding tätigen solltest.**

Im Kapitel *Die Holding reduziert deine Steuerlast* (ab *Seite 67*) habe ich die Grundzüge der Besteuerung der Holding beschrieben, insbesondere wie Dividenden und Veräußerungsgewinne an die Holding besteuert werden.

Da der vornehmliche Zweck der Holding die Vermögensverwaltung und Vermögensmehrung ist, halte ich es für sinnvoll, einige geeignete Vermögensinvestitionen und ihre steuerlichen Implikationen näher zu betrachten.

Die vier relevantesten Investitionsarten zur Vermögensmehrung sind:

1) **Investitionen in andere Unternehmen**

2) **Investitionen in Aktien**

3) **Investitionen in Aktienfonds und ETFs**

4) **Investitionen in Immobilien**

Dabei werde ich insbesondere auch auf die steuerlichen Unterschiede der Holding im Vergleich zu Investitionen aus dem Privatvermögen eingehen.

Grundvoraussetzung der Vermögensinvestitionen in der Holding ist, dass das Verlustrisiko bei jeder Investition auf das investierte Kapital beschränkt sein sollte. Ansonsten wäre ja die 2. Goldene Regel verletzt *(siehe Seite 92)*.

Einige Informationen und gesetzliche Grundlagen werden sich wiederholen oder sind in den vorhergehenden Kapiteln schon dargelegt, doch ich halte die Herleitung im neuen Kontext für lesbarer und verständlicher als fortwährend auf andere Stellen im Buch zu verweisen.

Investitionen in andere Unternehmen

Viele erfolgreiche Unternehmerinnen und Unternehmer gründen weitere Unternehmen oder beteiligen sich an anderen Unternehmen. In diesen Fällen solltest du nicht persönlich Gesellschafter*in dieser Unternehmen werden, sondern deine Holding.

Da Dividenden als Erträge schon auf Ebene der Tochtergesellschaft besteuert wurden, kommt das Schachtelprivileg zur Vermeidung der Doppelbesteuerung zum Tragen. Zur Befreiung von der Gewerbesteuer mittels Schachtelprivileg muss die Holding über wenigstens 15% der Anteile an der Tochtergesellschaft verfügen[35]. Zur Befreiung von der Körperschaftsteuer reicht eine Beteiligungshöhe von 10%[36].

Daher gilt: **Bei einer Beteiligung von wenigstens 15% sind 95% der Dividenden steuerfrei.** Ausgenommen von der Steuerbefreiung sind die schon erwähnten, nicht abzugsfähigen Pauschalausgaben in Höhe von 5%[37], die auf Ebene deiner Holding mit ca. 30% besteuert werden (Gewerbesteuer und Körperschaftsteuer plus Soli). **Die Steuerquote auf Dividenden an deine Holding beträgt somit etwa 1,5%.**

Das gilt auch für Verkaufserlöse. Wenn du über deine Holding Anteile an deiner operativen GmbH oder an anderen Tochtergesellschaften ganz oder teilweise verkaufst, werden die Verkaufserlöse auf Ebene deiner Holding nur mit 1,5% besteuert. **Im Unterschied zu Dividendenausschüttungen gibt es für die steuerliche Bevorzugung bei Veräußerungserlösen keine Mindestbeteiligung.**

---

[35] Gewerbesteuergesetz (GewStG) § 9 – Kürzungen – Abs. 2a und Abs. 7

[36] Körperschaftsteuergesetz (KStG) § 8b – Beteiligung – Abs. 4

[37] Körperschaftsteuergesetz (KStG) § 8b – Beteiligung – Abs. 5

Wärst du persönlich Gesellschafter*in und nicht deine Holding, würden Dividenden und Verkaufserlöse in Höhe von 26,375 % besteuert (mit Abgeltungssteuer oder Teileinkünfteverfahren).

Statt 98,5 % der Dividenden und Verkaufserlöse nach Steuern in der Holding blieben dir im Privatvermögen nur 74 %. Die Holding erspart dir Steuern in Höhe 25 Prozentpunkten – das ist ein Drittel mehr Kapital nach Steuern (98,5 % ÷ 74 % = 133 %).

Das entspricht einem Vermögensvorsprung von acht Jahren bei einer Kapitalrendite von durchschnittlich 4 %!

Was lobe ich mir die Holding!

Investitionen in Aktien

Aktieninvestitionen sind selbstverständlich nichts anderes als Unternehmensbeteiligungen. Daher gelten im Grundsatz die Ausführungen des vorhergehenden Kapitels für Unternehmensbeteiligungen. Der Unterschied liegt vornehmlich in der Höhe der Beteiligung.

Bei Investitionen in börsennotierte Aktien liegt der gesamte Anteil deiner Beteiligung an den einzelnen Unternehmen vermutlich unter 10%, so dass bei der Dividendenbesteuerung die Schachtelprivilegien für Gewerbe- und Körperschaftsteuer nicht zum Tragen kommen (wenn dein Anteil an börsennotierten Unternehmen über 10% liegt, dann meinen Glückwunsch – du hast beim Vermögensaufbau augenscheinlich schon einiges richtig gemacht). Daher werden Dividenden aus Aktienbeteiligungen in der Holding mit Gewerbe- und Körperschaftsteuer belegt (zusammen rund 30%).

Dividendeneinkünfte werden im Privatvermögen mit Abgeltungssteuer plus Soli in Höhe von zusammen 26,375% besteuert.

Dividenden in der Holding werden somit um rund 4 Prozentpunkte höher besteuert als im Privatbesitz *(siehe Rechnung 15).*

Steigende Aktienkurse an sich haben keine steuerliche Wirkung – erst bei Verkauf werden die Kursgewinne realisiert und als Veräußerungsgewinne besteuert. Die Besteuerung kann somit aufgeschoben werden – aber nicht aufgehoben, denn irgendwann wirst du jede Aktie einmal verkaufen wollen.

Für die Besteuerung von Veräußerungsgewinnen in der Holding ist die Höhe der Beteiligung irrelevant. Für die Holding sind Veräußerungsgewinne aus Aktieninvestitionen zu 95% steuerfrei; die übrigen 5% werden mit 30% versteuert. **Daraus ergibt sich für die Holding bei**

Veräußerungsgewinnen eine Effektivbesteuerung in Höhe von 1,5 %.

Bei Aktienverkäufen im Privatbesitz werden die Veräußerungsgewinne so besteuert wie auch Dividenden: mit Abgeltungssteuer plus Soli von zusammen 26,375 %.

Bei Veräußerungsgewinnen hat die Holding damit einen Steuervorteil von 25 Prozentpunkten gegenüber Aktien im Privatvermögen.

Im Privatvermögen kann von Dividenden und Veräußerungserlösen jährlich der Sparer-Pauschbetrag von 801 Euro abgezogen werden (1.602 Euro bei gemeinsam veranlagten Paaren). Mit dem Sparer-Pauschbetrag sind alle Aufwendungen pauschal abgegolten, auch wenn diese deutlich höher sind.

In der Holding können statt des Sparer-Pauschbetrags alle tatsächlichen Kosten als Betriebsausgaben gewinnmindernd geltend gemacht werden. Das sind beispielsweise Depot- und Transaktionskosten sowie Kapitalkosten (etwa Zinsen), die den Sparer-Pauschbetrag schnell übersteigen können.

Rechnung 15 zeigt, dass Claudia zwar auf die Dividenden in der Holding etwas mehr Steuern zahlt als Sven, dieser Nachteil jedoch durch den Steuervorteil auf die Veräußerungserlöse mehr als ausgeglichen wird. Im Ergebnis erwirtschaftet Claudias Aktienvermögen in der Holding mehr als 1.000 Euro nach Steuern mehr als Svens privates Depot in gleicher Höhe.

Allein dieser Steuervorteil finanziert schon die laufenden Kosten der Holding. Daher kann sich die Holding auch für Angestellte mit großem Depotvermögen lohnen (oft auch „Spardosen-GmbH" genannt). In *Rechnung 15* reicht ein Depotvermögen in Höhe von 150.000 Euro aus, die Kosten der Holding durch ihre Steuervorteile zu finanzieren.

Rechnung 15: Besteuerung von Dividenden und Veräußerungsgewinnen aus Aktien in der Holding und im Privatvermögen

Claudia und Sven hatten beide zu Beginn des Vorjahres ein Aktiendepot im Wert von 150.000 Euro. Claudia hält das Depot über ihre Holding, Sven im Privatvermögen. Beide haben im letzten Jahr Dividenden in Höhe von 4% des Depotwerts ausgezahlt bekommen und auch Verkaufserlöse in Höhe von 4% realisiert.

		Sven	Claudia
	Aktiendepot	150.000 € privat	150.000 € in Holding
	Dividende: 4%	**6.000 €**	**6.000 €**
–	Sparer-Pauschbetrag	801 €	
–	Steuerfreier Anteil		0%
=	**Zu versteuernde Dividende**	**5.199 €**	**6.000 €**
–	Abgeltungssteuer (26,375% inkl. SolZ)	1.371 €	
–	Gewerbesteuer (14%)		840 €
–	Körperschaftsteuer (15,875% inkl. SolZ)		950 €
=	**Dividende nach Steuern**	**4.629 €**	**4.211 €**
	Steuerquote auf Dividende	*22,9%*	*29,8%*
	Veräußerungsgewinn: 4%	**6.000 €**	**6.000 €**
–	Sparer-Pauschbetrag (schon ausgeschöpft)	0 €	
–	Steuerfreier Anteil		95%
=	**Zu versteuernder Veräußerungsgewinn**	**6.000 €**	**300 €**
–	Abgeltungssteuer (26,375% inkl. SolZ)	1.583 €	
–	Gewerbesteuer (14%)		42 €
–	Körperschaftsteuer (15,875% inkl. SolZ)		47 €
=	**Veräußerungsgewinn nach Steuern**	**4.418 €**	**5.911 €**
	Steuerquote auf Veräußerungsgewinn	*26,4%*	*1,5%*
	Summe Dividende und Veräußerungsgewinn nach Steuern	**9.046 €**	**10.121 €**

Noch eine Anmerkung zum Sparer-Pauschbetrag in *Rechnung 15*: Schon in einigen der vorangegangenen Rechnungen hat Sven den Sparer-Pauschbetrag geltend gemacht. Das ist auch richtig, solange die Vorgänge in unterschiedliche Jahre fallen. Denn der Sparer-Pauschbetrag kann nur einmal pro Jahr geltend gemacht werden. Daher wird Sven der Sparer-Pauschbetrag in der obigen Rechnung auch nur bei den Dividenden und nicht noch einmal bei den Veräußerungsgewinnen angerechnet.

Obwohl Aktiendividenden in der Holding nicht mit der Abgeltungssteuer belegt werden, wird diese von den depotverwaltenden Finanzinstituten in der Regel einbehalten – die meisten Institute richten sich in erster Linie an Privatpersonen, nicht an Kapitalgesellschaften.

Anders als bei Aktien im Privatbesitz, ist die Steuerschuld damit jedoch nicht ‚abgegolten', sondern stellt lediglich eine steuerliche Vorauszahlung dar und wird bei der Steuererklärung angerechnet. Diese Vorauszahlung mindert die Liquidität. Daher ist es empfehlenswert, bei dem depotführenden Finanzinstitut die Aussetzung des Steuerabzugs zu beantragen. Jedoch bieten nur wenige Finanzinstitute die Depotverwaltung für Kapitalgesellschaften an und noch weniger ermöglichen die Aussetzung des automatischen Steuerabzugs.

Unternehmergold-Tipp:

Eine Aufstellung aller Firmendepots mit Aussetzung des Kapitalertragsteuerabzugs, den jeweiligen Konditionen und meinen aktuellen Empfehlungen findest du auf www.unternehmergold.de/firmendepot.

Die Holding ist zwar bei Dividendenausschüttungen leicht benachteiligt (Steuerquote 4 Prozentpunkte höher), bei Veräußerungsgewinnen jedoch klar im Vorteil (Steuerquote 25 Prozentpunkte niedriger). Setzen wir die Steuerquoten ins Verhältnis, müsstest du mehr als sechsmal so hohe Dividenden wie Veräußerungsgewinne erzielen, um bei Investitionen aus dem Privatvermögen gegenüber der Holding einen Vorteil zu erzielen.

Investitionen in Aktienfonds und ETFs

Börsengehandelte Indexfonds (Exchange Traded Funds oder auch ETFs genannt) stellen für mich persönlich einen essenziellen Teil meiner Vermögensanlagen dar. Sie ermöglichen das Investieren auf Autopilot zu sehr geringen Kosten. Als Unternehmer*in kannst du mittels ETFs ohne großen Zeitaufwand dein freies Vermögen investieren und dich so auf deine unternehmerischen Aktivitäten fokussieren.

ETFs ermöglichen es dir, in den jeweiligen Markt zu investieren und somit mit dem Markt zu schwimmen. Weil du keine Einzelaktien aktiv wählen musst, wird es auch als passives Investieren bezeichnet. Ganz passiv ist es jedoch nicht – du musst immerhin noch auswählen, in welche Märkte, in welche ETFs du investieren möchtest. Wenn du mehr über ETFs wissen möchtest, empfehle ich dir zur Einführung das Buch „Souverän investieren mit Indexfonds und ETFs“ von Gerd Kommer.

An dieser Stelle soll die Besteuerung von Investitionen in Fonds und ETFs im Mittelpunkt stehen. Ich zeige auf, in welcher Weise sich die Besteuerung zwischen Privatvermögen und Holding unterscheidet und auch, ob Investitionen in Fonds gegenüber Investitionen in Einzelaktien bevorteilt oder benachteiligt werden.

Vor der Investmentsteuerreform im Jahr 2018 war die Fondsebene für die Besteuerung transparent. Dividenden und Verkaufserlöse wurden erst bei Zufluss auf Ebene der Anleger besteuert, und zwar in gleicher Weise wie auch bei Einzelaktien.

Durch die Investmentsteuerreform sollen inländische und ausländische Investmentfonds gleich besteuert und die Besteuerung von Aktienfonds und die der unterschiedlichen ETF-Varianten (thesaurierend oder nicht-thesaurierend, vollreplizierend oder swapbasiert) vereinheitlicht werden.

Sowohl Veräußerungsgewinne als auch Dividenden aus Investmentfonds und ETFs werden durch die Investmentsteuerreform grundsätzlich anders besteuert als Einzelaktien.

Die einschneidendste Änderung für Kapitalgesellschaften: Veräußerungserlöse sind nicht mehr steuerbefreit, sondern werden genauso besteuert wie Dividenden.

Dafür gibt es jetzt Teilfreistellungsbeträge, d.h. ein Teil der erzielten Erträge ist steuerfrei. Ein Blick auf die Teilfreistellungsquoten in *Tabelle 3* zeigt, **dass Erträge aus Aktienfonds und ETFs in der GmbH eine deutlich höhere Steuerbefreiung haben als im Privatvermögen.**

Tabelle 3: Übersicht Teilfreistellungen[38]

Fondstyp	**Sven** Aktienfonds/ETFs im Privatvermögen	**Claudia** Aktiendepots/ETFs in der Holding-GmbH KSt	 GewSt
Aktienfonds & ETFs (Aktienquote über 50%)	30%	80%	40%
Mischfonds & ETFs (Aktienquote über 25%)	15%	40%	20%
Immobilienfonds mit Anlageschwerpunkt Inland	60%	60%	30%
Immobilienfonds mit Anlageschwerpunkt Ausland	80%	80%	40%

[38] Investmentsteuergesetz (InvStG) § 20 – Teilfreistellung

Für Kapitalgesellschaften wie der GmbH sind bei der Körperschaftsteuer 80 % der Erträge aus Aktienfonds steuerfrei, 40 % bei der Gewerbesteuer. Damit beläuft sich die effektive Körperschaftsteuer auf 3,17 % ((100 % – 80 %) × 15,825 %) und die effektive Gewerbesteuer auf 8,4 % ((100 % – 40 %) × 14 %). **In Summe werden Erträge aus Aktienfonds und ETFs bei Kapitalgesellschaften in Höhe von ca. 11,5 % besteuert.**

Bei Aktienfonds sind für private Anleger 30 % der Erträge steuerfrei. Die verbleibenden 70 % werden mit Abgeltungssteuer und Solidaritätszuschlag in Höhe von zusammen 26,375 % besteuert. **Das ergibt eine effektive Steuerbelastung in Höhe von ca. 18,5 % für private Anleger.**

Für die Besteuerung von Veräußerungsgewinnen aus Verkäufen von Anteilen an Aktienfonds und ETFs bedeutet das:

- Für die GmbH liegt die Steuerlast 10 Prozentpunkte höher als bei Einzelaktien (11,5 % statt 1,5 %);

- Für private Anleger liegt die Steuerlast ca. 8 Prozentpunkte niedriger als bei Einzelaktien (18,5 % statt 26,375 %);

- Die GmbH hat gegenüber privaten Anlegern einen Steuervorteil in Höhe von 7 Prozentpunkten (11,5 % verglichen mit 18,5 %).

Geändert hat sich durch die Reform auch, dass schon bei Kurssteigerungen eine Vorabpauschale fällig wird. Diese Vorabpauschale entspricht einer Vorauszahlung auf die spätere Besteuerung beim Verkauf. Näheres dazu später. Vorerst betrachten wir die Besteuerung von Dividenden.

Bei Dividenden wird seit der Investmentsteuerreform auch die Fondsebene besteuert – mit 15% auf Dividenden der im Fonds

gehaltenen deutschen Aktien. Der Steuersatz liegt damit in gleicher Höhe wie die Körperschaftsteuer und auch der Quellensteuersatz auf ausländische Dividenden.

Von 100 Euro Dividenden werden somit nach 15 % Steuern nur noch 85 Euro ausgezahlt. **Diese 85 Euro werden dann in der GmbH mit den oben hergeleiteten 11,5 % besteuert und bei privaten Anlegern mit 18,5 %. Doch obwohl das die einzige für Anleger sichtbare Besteuerung ist, ist die tatsächliche Besteuerung höher: Hinzugerechnet werden muss die 15 %-Besteuerung auf Fondsebene.**

Von 100 Euro Dividenden vor Steuern auf Fondsebene verbleiben der GmbH noch 75,17 Euro nach Steuern. **Die tatsächliche Steuerquote für die GmbH beträgt ca. 24,8 %** (15 % + (85 % × 11,5 %), siehe auch *Rechnung 16*). Statt Steuern in Höhe von 30 % auf Dividenden bei einzelnen Aktienbeteiligungen, zahlt die Holding-GmbH bei Aktienfonds und ETFs auf Dividenden nur 25 % Steuern.

Bei privaten Anlegern bleiben von 100 Euro Dividenden vor Steuern auf Fondsebene noch 69,31 Euro nach Steuern. **Die tatsächliche Steuerquote für Privatanleger beträgt ca. 30,7 %** (15 % + (85 % × 18,5 %), siehe auch *Rechnung 17*). Auf Dividenden aus Einzelaktien zahlen Privatanleger 4 Prozentpunkte weniger Steuern: 26,375 % statt 30,7 %.

Rechnung 16: Besteuerung von Dividenden aus Fonds und ETFs in der GmbH

Bei Aktienfonds und ETFs werden seit der Reform nach 15%-Besteuerung auf Fondsebene von 100 Euro Dividenden noch 85 Euro ausgeschüttet.

Für die Körperschaftsteuer sind 80% der ausgeschütteten Dividenden steuerbefreit; die verbleibenden 20% Dividenden werden mit 15,825% besteuert. Auf 85 Euro Dividenden fallen demnach 2,69 Euro Körperschaftsteuer an (85 Euro × 20% × 15,825%).

Bei der Gewerbesteuer sind 40% der ausgeschütteten Dividenden steuerfrei; die verbleibenden 60% der Dividenden werden in Höhe von 14% besteuert. Auf die 85 Euro Dividenden werden somit 7,14 Euro Gewerbesteuer fällig (85 Euro × 60% × 14%).

In Summe fallen auf Dividendenausschüttungen in Höhe von 85 Euro an die GmbH daher 9,83 Euro Steuern an (2,69 Euro + 7,14 Euro). Von 100 Euro Dividenden auf Ebene des Fonds bleiben der GmbH 75,17 Euro nach Steuern (100 Euro – 15 Euro – 9,83 Euro). Das sind 5,15 Euro mehr als bei Einzelaktien.

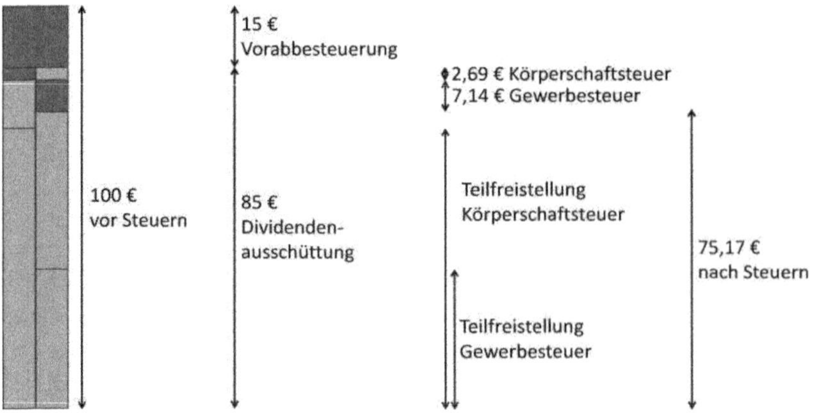

Für GmbHs liegt die Steuerquote auf Dividenden von Aktienfonds und ETFs mit ca. 25% niedriger als bei Dividenden von Einzelaktien – die werden mit 30% besteuert.

Rechnung 17: Besteuerung von Dividenden aus Fonds und ETFs bei Privatanlegern

Bei Einzelaktien zahlt Sven auf 100 Euro Dividenden Abgeltungssteuer und Solidaritätszuschlag in Höhe von 26,38 Euro. Von 100 Euro Dividenden vor Steuern bleiben Sven demnach 73,62 Euro nach Steuern.

Bei Aktienfonds und ETFs werden seit der Reform von 100 Euro Dividenden 15 % auf Ebene des Fonds besteuert, so dass die Dividendenausschüttung nur noch 85 Euro beträgt. Davon sind 30 % steuerfrei für Sven, also 25,50 Euro. Auf die verbleibenden 70 % werden Abgeltungssteuer und Solidaritätszuschlag in Höhe von 26,375 % fällig; das sind 15,69 Euro Steuern (85 Euro × 70 % × 26,375 %). Nach Steuern bleiben von den 70 % damit 43,81 Euro übrig ((85 Euro × 70 %) – 15,69 Euro)). Von 100 Euro Dividenden vor Steuern an den Fonds bleiben für Sven nach Steuern noch 69,31 Euro (25,50 Euro + 43,81 Euro). Das sind 4,31 Euro weniger als bei Einzelaktien.

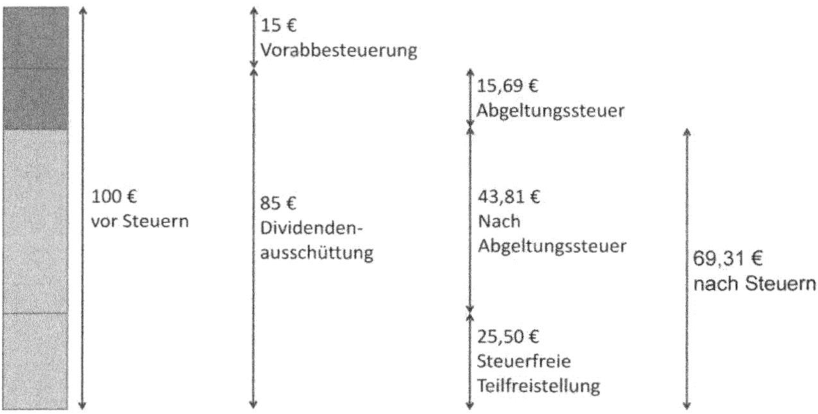

Für Privatanleger liegt die effektive Steuerlast auf Dividenden von Aktienfonds und ETFs bei 30,7 %. Privatanleger zahlen damit bei Aktienfonds und ETFs vier Prozentpunkte mehr auf Dividenden als bei Einzelaktien – bei denen werden Dividenden in Höhe von 26,375 % besteuert.

Tabelle 4 zeigt die Besteuerung von Einzelaktien sowie von Aktienfonds und ETFs sowohl im Privatvermögen als auch in der GmbH.

Bei Investitionen in Aktienfonds und ETFs hat die GmbH gegenüber dem Privatvermögen Steuervorteile sowohl bei Veräußerungsgewinnen (7 Prozentpunkte) als auch bei Dividenden (6 Prozentpunkte).

Tabelle 4: Vergleich der Besteuerung von Einzelaktien mit Aktienfonds und ETFs für Privatanleger und die GmbH

	Einzelaktien		**Aktienfonds & ETFs**	
	Privat	GmbH	privat	GmbH
Veräußerungserlöse	26,375%	1,5%	18,5%	11,5%
Dividenden	26,375%	30%	30,7%	24,8%

Nun noch zur Vorabpauschale: Bei Investitionen in einzelne Aktien bedeuten Dividenden einen unmittelbaren Kapitalzufluss und werden sofort besteuert. Kursgewinne werden jedoch erst besteuert, wenn sie realisiert werden – beim Verkauf.

Bei Aktienfonds bedeuten Dividenden jedoch nicht unbedingt einen Kapitalzufluss. Thesaurierende Fonds wandeln die Dividenden in zusätzliche Fondsanteile um, statt sie auszuschütten. Dadurch konnte die Besteuerung der Dividenden durch thesaurierende Fonds vollständig in die Zukunft verschoben werden – erst beim Verkauf wurden die Dividenden und Verkaufserlöse besteuert.

Das hat sich mit der Investmentsteuerreform geändert. Der Fiskus geht nun von einer Mindestverzinsung aus. Diese ist aber sehr niedrig, so dass die Investition in thesaurierende Fonds noch immer einen starken Steuerstundungseffekt hat. Werden keine Dividenden ausgeschüttet und der Wert der Fondsanteile steigt, wird eine Vorabpauschale in Höhe von 70% des Basiszinses bezogen auf den Wert der Fondsanteile fällig. Der Basiszinssatz entspricht der risikolosen Marktverzinsung und wird zu Jahresbeginn vom Bundesfinanzministerium bekanntgegeben. Für das Jahr 2020 beträgt der Basiszins 0,07%. Davon 70% bedeutet, dass sich die Vorabpauschale auf 0,049% des Wertes der Fondsanteile beläuft. Bei solchen Zinsen ist die Vorabpauschale natürlich entsprechend gering: **Auf ein Fondsvermögen von 100.000 Euro fällt im Jahr 2020 eine Vorabpauschale in Höhe von 49 Euro an.**

Die Vorabpauschalen werden als Vorauszahlungen mit den tatsächlichen Steuern bei Veräußerung der Fondsanteile verrechnet.

Unternehmergold-Tipp:

Mit dem Steuerrechner auf www.unternehmergold.de/steuern-bonus kannst du berechnen, wie deine Aktien oder ETFs privat und in der Holding besteuert werden und wie hoch der Steuervorteil der Holding ist – inklusive Langzeitbetrachtung.

Investitionen in Immobilien

Bis zu diesem Punkt hat es im Buch bei allen Steuervergleichen immer ein eindeutiges Ergebnis mit einer ganz klaren Handlungsempfehlung gegeben – bei Immobilieninvestitionen ist das anders: Immobilien im Privatvermögen schlagen sich nämlich ganz wacker.

Grundsätzlich hast du für Immobilieninvestitionen drei Optionen:

1) Du kaufst die Immobilie im Privatvermögen;
2) Deine Holding kauft die Immobilie;
3) Deine Holding gründet eine Immobilien-GmbH, die die Immobilie kauft *(siehe folgenden Exkurs zur Erläuterung).*

Jede dieser drei Optionen hat sowohl Vor- als auch Nachteile. Es kann daher immer nur eine Einzelfallentscheidung sein, welche Option die beste ist für deine individuelle Situation und die jeweilige Immobilie.

Auch wenn ich im Ergebnis keine klare Handlungsempfehlung aussprechen kann, so sollen die folgenden Betrachtungen Inspiration für dich sein und deinen Möglichkeitsraum erweitern – über den Privatkauf einer Immobilie hinaus.

Zur Bewertung der Optionen betrachten wir diese entlang der drei Phasen im Lebenszyklus von Immobilien:

1) Kauf

2) Bewirtschaftung

3) Verkauf

Exkurs: Immobilien-GmbH

Kapitalgesellschaften, die ausschließlich der Verwaltung von Immobilienvermögen dienen, können sich von der Gewerbesteuer befreien lassen. Diese Gesellschaften werden üblicherweise als Immobilien-GmbHs bezeichnet. Grund für die Gewerbesteuerbefreiung ist, dass auf die Immobilien schon Grundsteuer fällig wird, die wie die Gewerbesteuer zur Finanzierung der kommunalen Infrastruktur dient. Ein Gewerbe, das ausschließlich Immobilien verwaltet, soll durch die Befreiung von der Gewerbesteuer nicht doppelt belastet werden.

Es wäre also möglich, dass du aus der Holding heraus eine Immobilien-GmbH als Tochtergesellschaft gründest und diese von der Gewerbesteuer befreien lässt. Durch die Befreiung von der Gewerbesteuer fallen auf Ebene der Immobilien-GmbH auf die Mieterträge nur noch Körperschaftsteuer plus Soli an, also zusammen knapp 16%.

Um die Gewerbesteuerbefreiung nicht zu verlieren und nicht rückwirkend gewerbesteuerpflichtig zu werden, muss der Immobilien-GmbH zu jedem Zeitpunkt wenigstens eine Immobilie gehören – das kann auch eine Garage sein oder ein Stellplatz.

Gewinnausschüttungen von Tochtergesellschaften an die Holding sind im Normalfall fast steuerfrei – nur auf 5% der Ausschüttung fallen Körperschaft- und Gewerbesteuer an. Diese Steuerbefreiung soll aber eine Doppelbesteuerung vermeiden. Ist die Tochtergesellschaft gewerbesteuerbefreit, aber die Mutter nicht, so wird auf die volle Gewinnausschüttung Gewerbesteuer fällig. Dann hätte die Kürzung der Gewerbesteuer auf Ebene der Immobilien-GmbH nur eine Stundung der Gewerbesteuer zur Folge – keine dauerhafte Senkung.

Bleiben die Gewinne in der Immobilien-GmbH und werden nicht ausgeschüttet, kann die Stundung aber beliebig verlängert werden.

Kauf der Immobilie

Auch bei einem Immobilienkauf im Privatvermögen sollte der Kauf nicht aus persönlich versteuertem Einkommen erfolgen: Mit einem Darlehen der Holding kannst du auch im Privatvermögen eine Immobilie aus niedriger versteuertem Einkommen der Holding erwerben anstatt aus hoch versteuertem persönlichem Einkommen *(siehe Darlehensvereinbarungen ab Seite 107)*. Schließlich hast du in der Holding nach Steuern bis zu 20% mehr investierbares Kapital als nach der persönlichen Einkommensbesteuerung.

Da die Mittelherkunft und Mittelverwendung durch die Darlehensvereinbarung voneinander losgelöst sind, hat keine der drei Immobilienoptionen beim Kauf einen besonderen Vorteil oder auch Nachteil.

Bewirtschaftung der Immobilie

Bei der Besteuerung der Mieterträge gibt es zwischen den drei Immobilienoptionen große Unterschiede:

1) **Mieterträge von Immobilien im Privatbesitz zählen als Einkommen aus Vermietung und Verpachtung zu den sieben Einkunftsarten der Einkommensteuer[39] und unterliegen somit dem persönlichen Grenzsteuersatz der Einkommensteuer.**

2) **Mieterträge in der Holding werden als gewerbliche Erträge mit Körperschaft- und Gewerbesteuer in Höhe von zusammen 30% besteuert.**

3) **Mieterträge in einer Immobilien-GmbH sind von der Gewerbesteuer befreit und werden nur mit Körperschaftsteuer und**

---

[39] Einkommensteuergesetz (EStG) § 2 – Umfang der Besteuerung – Abs. 1

Solidaritätszuschlag in Höhe von zusammen knapp 16% besteuert.

Um zu klären, wie sehr die unterschiedliche Besteuerung ins Gewicht fällt, müssen wir zuerst beantworten: Wie hoch sind die Mieterträge?

Grundlage der Besteuerung sind nämlich die steuerlichen Erträge. Wegen hoher Abschreibungen auf Immobilien sind die steuerlichen Mieterträge deutlich niedriger als die tatsächlichen Erträge *(siehe Exkurs).*

Exkurs: Abschreibungen bei Immobilien

Für die Ermittlung der steuerlichen Erträge bei vermieteten Immobilien können auf die Kauf- und Herstellungskosten des Gebäudeteils (ohne Bodenwert) Abschreibungen in Höhe von 2% pro Jahr geltend gemacht werden (2,5% für vor dem 1.1.1925 errichtete Gebäude).

Wie auch bei anderen Wirtschaftsgütern sollen durch die Abschreibungen die Kosten der Abnutzung berücksichtigt werden. Da der Boden sich nicht abnutzt, kann der Bodenwert auch nicht abgeschrieben werden und muss zur Berechnung der Abschreibung von den Anschaffungs- und Herstellungskosten der Immobilie abgezogen werden. In den folgenden Ausführungen steht der Begriff ‚Kaufpreis' für die Anschaffungs- und Herstellungskosten des Gebäudeteils (Immobilie abzüglich des Bodens).

Im Unterschied zu einem Laptop, der nach ein paar Jahren tatsächlich abgenutzt ist und ersetzt werden muss, ist die Immobilie jedoch nach 50 Jahren nicht abgenutzt. Dafür sorgst du mit regelmäßigen Aufwendungen für die Instandhaltung der Immobilie. Diese sind nichts anderes als die Kosten für den Werterhalt des Gebäudes. Diese tatsächlichen Aufwendungen werden bei der Ermittlung der Mieterträge berücksichtigt.

Zur Abschätzung der erforderlichen Aufwendungen für die Instandhaltung können wir die Peterssche Formel heranziehen. Diese besagt, dass innerhalb von 80 Jahren der 1,5-fache Wert der Herstellungskosten für die Instandhaltung des Gebäudes anfällt. Das wären im Durchschnitt 1,9% der Herstellungskosten pro Jahr. Je nach Marktlage können Herstellungskosten und Kaufpreis stark voneinander abweichen. Für unsere Überschlagsrechnung ist der Kaufpreis (nur des Gebäudeteils, ohne Bodenwert) jedoch die beste Näherung für die Herstellungskosten.

Damit sind die durchschnittlichen Instandhaltungsaufwendungen in Höhe von 1,9% des Kaufpreises in ähnlicher Höhe wie die steuerlichen Abschreibungen in Höhe von 2%.

Im Ergebnis bedeutet das, dass Kosten für Abnutzung steuerlich doppelt berücksichtigt werden: Einmal durch den Abzug der tatsächlich angefallenen Instandhaltungskosten bei der Ermittlung der Mieterträge und ein zweites Mal bei der steuerlichen Ertragsermittlung, bei der von den tatsächlichen Mieterträgen die Gebäudeabschreibung in Höhe von 2% abgezogen wird. Hier sehen wir, dass Immobilieninvestitionen steuerlich enorm gefördert werden.

Durch die Abschreibungen kann aus einem tatsächlichen Gewinn ein steuerlicher Verlust werden.

Ein Beispiel: Nehmen wir an, die jährlichen Mieteinkünfte belaufen sich auf 6% des Kaufpreises der Immobilie (bei einer Immobilie zum Kaufpreis von 300.000 Euro entspricht das einer monatlichen Kaltmiete in Höhe von 1.500 Euro). Die Bewirtschaftungs- und Verwaltungskosten liegen bei 1%. Die Kosten für Instandhaltung nach der Petersschen Regel bei 1,9%. Dazu kommen noch Zinskosten für den laufenden Immobilienkredit in Höhe von 2% (Stand Februar 2022 sind Kreditzinsen für Immobilienkredite auch von deutlich unter 2% zu haben). Der tatsächliche Gewinn für diese Immobilie beträgt damit 1,1% des Kaufpreises pro Jahr.

Bei der Berechnung des steuerlichen Gewinns wird davon jedoch noch 2% Abschreibung abgezogen. Aus dem tatsächlichen Gewinn von 1,1% des Kaufpreises wird ein steuerlicher Verlust in Höhe von 0,9%!

Dieser steuerliche Verlust wird mit anderen Einkommen verrechnet und reduziert damit die Einkommensteuerlast – durch die Abschreibung kann man gleichzeitig einen Mietgewinn erzielen *und* Steuern sparen.

Du hast vielleicht auch schon von der Steuerstrategie gehört, durch Immobilienverluste die Steuern zu senken. Jetzt wird klar, was damit gemeint ist: Nämlich steuerliche Immobilienverluste, nicht wirtschaftliche Immobilienverluste.

Steuern haben neben der staatlichen Einnahmefunktion auch eine Lenkungsfunktion. Gerade bei Immobilien gibt es immer wieder Beispiele, bei denen der Fiskus die Investitionen in bestimmte Richtung lenken möchte.

Ein Beispiel waren die Sonderabschreibungen (Sonder-AfA) für den Aufbau Ost. In der ersten Hälfte der 1990er Jahre konnten zusätzlich zur regulären linearen Abschreibung in Höhe von 2% (oder 2,5% bei Altbauten) noch Sonderabschreibungen in Höhe von 50% der Anschaffungs- und Herstellungskosten sofort oder innerhalb von fünf Jahren geltend gemacht werden. Verteilt auf fünf Jahre betrug die Abschreibung damit 12% (bei Altbauten 12,5%). Bezogen auf unser Beispiel wurde aus einem jährlichen Mietertrag von 1,1% des Kaufpreises ein steuerlicher Verlust in Höhe von 10,9% des Kaufpreises!

Aktuell wird der Neubau von Mietwohnungen besonders gefördert. Hier können zusätzlich zu der regulären Abschreibung von jährlich 2% in den ersten vier Jahren noch Sonderabschreibungen in Höhe von jährlich 5% der Anschaffungs- und Herstellungskosten geltend gemacht werden. In den ersten vier Jahren können bei Miet-Neubau also insgesamt 28% der Anschaffungs- und Herstellungskosten abgeschrieben werden. Bezogen auf unser Beispiel wird in den ersten vier Jahren aus einem wirtschaftlichen Ertrag von 1,1% des Kaufpreises ein steuerlicher Verlust von -5,9%.

Für die Besteuerung von Mieterträgen bedeutet das: Erst wenn die tatsächliche Netto-Mietrendite die Abschreibung in Höhe von 2 % übersteigt (oder 2,5 % bei Altbauten), gibt es positive zu versteuernde Mieterträge.

Die Mieterträge einer Miet-Immobilie im Privatvermögen müssen schon sehr hoch sein, damit deren höhere Besteuerung im Einkommen überhaupt greift.

Je höher die zu versteuernden Mieterträge, desto belastender ist der Steuernachteil der Immobilie im Privatvermögen im Vergleich zur Holding oder der Immobilien-GmbH.

Verkauf von Immobilien

Die Steuern auf Veräußerungserlöse beim Verkauf einer Immobilie für die drei Investitionsoptionen liegen bei 0 %, 30 % und 16 %:

1) Immobilien im Privatvermögen haben einen gewichtigen Vorteil: Veräußerungsgewinne sind grundsätzlich nach einer Haltefrist von zehn Jahren steuerfrei.

2) In deiner Holding-GmbH müssen Veräußerungsgewinne durch den Verkauf von Immobilien voll versteuert werden – mit Gewerbe- und Körperschaftsteuer von zusammen 30% – unabhängig davon, wie lange die Immobilie im Besitz der GmbH war.

3) Da eine Immobilien-GmbH von der Gewerbesteuer befreit ist, werden auch Veräußerungsgewinne durch den Immobilienverkauf nur mit Körperschaftsteuer und Soli von zusammen 16% besteuert.

Sowohl für die Holding- als auch für die Immobilien-GmbH gibt es jedoch eine Möglichkeit, die Besteuerung der Veräußerungsge-

winne in die Zukunft zu verschieben: Dank der sogenannten 6b Rücklage[40] kann der Veräußerungsgewinn als in die Bilanz gestellt und für die Neuanschaffung der nächsten Immobilie genutzt werden. Voraussetzung dafür ist, dass die verkaufte Immobilie wenigstens sechs Jahre im Vermögen der Gesellschaft war[41] und die neue Immobilie innerhalb von vier Jahren nach Verkauf der alten angeschafft wird[42]. Bei Neubauten verlängert sich die Anschaffungsfrist von vier auf sechs Jahre.

Nachteil der 6b Rücklage ist, dass die Abschreibung auf die neue Immobilie nicht auf deren vollen Kaufpreis berechnet wird, sondern auf den Kaufpreis abzüglich der stillen Reserve der 6b Rücklage. Die Abschreibung wird dadurch gemindert.

Exkurs: Immobilienverkauf als Share Deal statt Asset Deal

Wenn nicht das Asset selbst verkauft wird, in diesem Fall die Immobilie, sondern Shares (Anteile) an der Immo-GmbH als Eigentümerin der Immobilie, handelt es sich statt eines Asset Deals um einen Share Deal.

Besteuert wird dann nicht ein Erlös aus der Veräußerung von Immobilien, sondern der Erlös aus der Veräußerung von Geschäftsanteilen. Dieser wird in der Holding nur in Höhe von 1,5 % versteuert.

Ein Share Deal kann auch so gestaltet werden, dass für die kaufende Partei die Grunderwerbsteuer vermieden wird. Derzeit entfällt die Grunderwerbsteuer, wenn ein Unternehmen weniger als 95 Prozent an einer Immobilien-GmbH erwirbt[43]. Nach fünf Jahren kann die Beteiligung dann auf 100 Prozent erhöht werden.

Nachteilig bei einem Share Deal ist, dass weiterhin nur auf Basis der ursprünglichen Anschaffungskosten der Immobilie abgeschrieben wird, nicht auf Basis des höheren Kaufpreises der GmbH mit Immobilie.

---

[40] EStG § 6b – Übertragung stiller Reserven bei der Veräußerung

[41] EStG § 6b – Übertragung stiller Reserven bei der Veräußerung – Abs. 4 (2)

[42] EStG § 6b – Übertragung stiller Reserven bei der Veräußerung – Abs. 2a

[43] Grunderwerbsteuergesetz (GrEStG) § 6a – Steuervergünstigung im Konzern

Zusammenfassung zu Immobilieninvestitionen

Die Investition in Immobilien wird steuerlich so gefördert wie kaum eine andere Vermögensklasse – zusätzlich zu den tatsächlichen Instandhaltungskosten reduzieren Abschreibungen die zu versteuernden Mieterträge. Dieser Steuerrabatt ermöglicht das Kunststück, durch Immobilieninvestitionen mehr Gewinn zu erzielen und weniger Steuern zu zahlen.

Es gibt bei Immobilieninvestitionen keinen klaren Gewinner – der Kauf über eine Immobilien-GmbH ist nicht per se besser als der Kauf über die Holding oder auch der Privatkauf.

Auf Basis der Besteuerung, insbesondere bei der Bewirtschaftung und beim Verkauf, lassen sich jedoch Tendenzen ableiten:

- **Je höher der zu erwartende Veräußerungsgewinn im Verhältnis zu den Mieterträgen, desto wertvoller ist die Steuerbefreiung auf Veräußerungsgewinne bei privat gehaltenen Immobilien.**

- **Je höher die Mieterträge im Verhältnis zum erwarteten Veräußerungsgewinn, desto mehr Wert ist die niedrigere Besteuerung der Mieterträge in der Holding und noch mehr in der Immobilien-GmbH.**

Eine Immobilie im Privatvermögen zu halten ist tendenziell vorteilhaft,

- wenn es sich nicht um eine Miet-Immobilie handelt, sondern diese selbst genutzt werden soll. In diesem Fall werden zum einen keine Mieterträge erzielt und zum anderen entfällt die Bindungsfrist zur Steuerbefreiung für Veräußerungsgewinne[44];

[44] EstG §23 – Private Veräußerungsgeschäfte – Abs 1 Satz 1

- wenn die tatsächliche Mietrendite nicht viel höher ist als die Abschreibung – denn dann sind die zu versteuernden Mieterträge vernachlässigbar gering (oder sogar negativ);
- wenn eine hohe Wertsteigerung der Immobilie zu erwarten ist, wie in klassischen A-Lagen.

Tabelle 5: Übersicht zur Besteuerung von Immobilieninvestitionen

	Kauf	Mieterträge	Verkaufserlöse
Im Privatvermögen	Eigenkapital durch Darlehen von der Holding	Als Einkommen mit persönlichem Grenzsteuersatz	Steuerfrei nach 10 Jahren
In Holding	Eigenkapital aus Vermögen der Holding	30% (KSt + GSt)	30%; kann über 6b Rücklage gestundet werden
In Immobilien-GmbH	Eigenkapital durch Darlehen von der Holding	16% (KSt)	16%; kann über 6b Rücklage gestundet werden

Eine Immobilie über die Holding zu halten ist tendenziell vorteilhaft,

- wenn sehr hohe zu versteuernde Mieterträge zu erwarten sind (nach Abschreibung) bei gleichzeitig eher niedriger Wertsteigerung – also eher in C- oder D-Lagen;
- wenn die Immobilie wahrscheinlich in weniger als zehn Jahren wieder verkauft werden soll.

Die Gründung einer Immobilien-GmbH kann sich lohnen, wenn du hohe Mieterträge erwartest und das in Immobilien investierte Vermögen hoch genug ist, so dass die Steuervorteile durch die Gewerbesteuerbefreiung die zusätzlichen Kosten einer GmbH übersteigen – also eher bei mehreren Mietwohnungen oder Mehrfamilienhäusern als nur bei einer kleinen Mietwohnung.

Zusammenfassung: Steuervorteile bei Investitionen nutzen

Dieser vierte Steuerhebel hat gezeigt, dass die Holding nicht nur der ideale Hort für deine unternehmerischen Erträge ist, sondern dass die Holding auch für deine Vermögensinvestitionen hervorragend geeignet ist. Erträge aus Unternehmensbeteiligungen, Aktien und ETFs werden in der Holding deutlich niedriger besteuert als im Privatvermögen.

Nur bei Immobilieninvestitionen kann der Privatkauf durchaus vorteilhaft sein – doch selbst dann sollte das nötige Eigenkapital durch ein Darlehen deiner Holding bereitgestellt werden und nicht aus deinem privat versteuerten Einkommen stammen.

Deine Holding ist deine Privatbank.

In Bezug auf Vermögensinvestitionen in Unternehmen, Aktien und ETFs sind die wichtigsten Aspekte,

- dass bei Unternehmensbeteiligungen ab einer Höhe von 15 % Dividendenausschüttungen an die Holding nur mit 1,5 % besteuert werden – statt mit über 26 % im Privatvermögen;
- dass Veräußerungserlöse unabhängig von der Beteiligungshöhe in der Holding in Höhe von 1,5 % besteuert werden – also auch bei Aktieninvestitionen. Dadurch hat die Holding bei Veräußerungsgewinnen grundsätzlich einen Steuervorteil in Höhe von 25 Prozentpunkten gegenüber dem Privatvermögen;
- dass Dividenden aus Aktieninvestitionen in der Holding zwar rund 4 Prozentpunkte höher besteuert werden als im Privatbesitz – das holt den 25 Prozentpunkte Nachteil bei den Veräußerungserlösen aber nicht auf;
- dass ETFs das Investieren auf Autopilot ermöglichen – und das auch noch hoch diversifiziert und zu sehr geringen Kosten;

- dass bei Investitionen in Aktienfonds und ETFs die Holding gegenüber dem Privatvermögen Steuervorteile sowohl bei Veräußerungsgewinnen (7 Prozentpunkte) als auch bei Dividenden (6 Prozentpunkte) hat.

Für Vermögensinvestitionen in Immobilien ist wichtig zu wissen,
- dass Mieterträge im Privatvermögen mit dem persönlichen Grenzsteuersatz besteuert werden;
- dass Mieterträge in der Holding in Höhe von 30% besteuert werden;
- dass ausschließlich Immobilien verwaltende GmbHs, sogenannten Immobilien-GmbHs, durch Befreiung von der Gewerbesteuer Mieterträge nur in Höhe von 16% versteuern;
- dass durch Abschreibungen die Kosten der Instandhaltung steuerlich doppelt angerechnet werden und dadurch die steuerpflichtigen Mieterträge deutlich niedriger sind als die tatsächlich erzielten;
- dass Veräußerungserlöse bei privat gehaltenen Immobilien nach spätestens 10 Jahren steuerfrei sind;
- dass in der Holding und der Immobilien-GmbH Veräußerungserlöse mit 30% respektive 16% besteuert werden;
- dass diese Besteuerung aber durch 6b Rücklagen in die Zukunft verschoben werden kann;
- dass Immobilien in A-Lagen meist höhere Wertsteigerungen bei gleichzeitig niedrigen Mietrenditen aufweisen und daher tendenziell im Privatvermögen besser aufgehoben sind;
- dass Immobilien in C- oder D-Lagen niedrigere Erwartung der Wertsteigerung bei höheren Mietrenditen aufweisen und daher tendenziell besser in der Holding oder einer Immobilien-GmbH aufgehoben sind.

Das bringt uns zum Finale – im fünften Steuerhebel wirst du erfahren, wie du die Steuervorteile einer betrieblichen Altersvorsorge nutzt und dadurch aus unversteuertem Kapital investieren kannst.

5.

Steuerhebel:

Deine ideale Altersvorsorge

Durch eine Pensionszusage deiner Holding kannst du vor Steuern in deine Altersvorsorge investieren. Auf das über die Pensionszusage in der Holding investierte Kapital erreichst du einen Investitionsvorsprung von neun Jahren – im Vergleich zu Investitionen im Privatvermögen sogar von 14 Jahren!

In diesem Buch hast du die wichtigsten Steuerhebel für eine langfristige und nachhaltige Vermögensmehrung kennengelernt. Eine Pensionszusage durch die Holding wirkt wie ein Wachstumsbeschleuniger für dein Vermögen – eine geniale Möglichkeit, für das Alter vorzusorgen.

In diesem fünften Steuerhebel wirst du die Vorteile einer Pensionszusage kennenlernen und erfahren, was du bei der Umsetzung der Pensionszusage beachten solltest. Du wirst auch sehen, warum deine Holding viel besser geeignet ist als die Operativ-GmbH, dir ein Pensionsversprechen zu geben.

Welche Vorteile eine Pensionszusage bietet

Die Pensionszusage – auch Direktzusage genannt – ist eine Variante der betrieblichen Altersvorsorge: Bei einer Pensionszusage verpflichtet sich die GmbH direkt, nach Eintritt des Rentenalters die vereinbarte Pension zu zahlen – ohne Hinzuziehen eines Versorgungsträgers. Diese Form der Pensionszusage schont die Liquidität der GmbH und ermöglicht dir volle Kontrolle über die Kapitalverwendung.

Andere Varianten der betrieblichen Altersvorsorge sind:

- Versorgung über Unterstützungskassen (U-Kassen)
- Versorgung über Pensionskassen oder Pensionsfonds
- Versorgung über eine Direktversicherung (Lebensversicherung)

Die Versorgungswege über Unterstützungskassen, Pensionskassen, Pensionsfonds und auch als Direktversicherung erfordern unmittelbare Zahlungen der GmbH an die entsprechenden Versorgungsträger. Damit reduzieren diese Versorgungswege die Liquidität des Unternehmens und verbauen den Einfluss auf die Kapitalverwendung. Das ist bei der Pensionszusage nicht der Fall.

Damit die GmbH die Pensionszusage auch erfüllen kann, muss sie dauerhafte und regelmäßige Rückstellungen bilden. Die Erhöhung der Rückstellungen wird in der GmbH als Aufwand gebucht und wirkt somit gewinnmindernd. Die GmbH zahlt auf die Rückstellungen daher weder Gewerbe- noch Körperschaftsteuer. **Dadurch ermöglichen Pensionszusagen den Vermögensaufbau zum Zwecke der Altersabsicherung aus unversteuertem Einkommen der GmbH.**

Gleichzeitig bedeuten die Rückstellungen keine Einschränkungen auf die Liquidität der GmbH: Durch eine Rückstellung selbst ist nämlich noch kein Kapital aus der GmbH abgeflossen. Die Rückstellungen für Pensionszusagen sind nichts anderes als langfristige Verbindlichkeiten der GmbH gegenüber dir als Person und daher auf der Passivseite der GmbH-Bilanz zu finden. **Pensionszusagen sind steuerneutral und schonen die Liquidität.**

Claudia hat vor fünf Jahren mit ihrer Holding-GmbH eine Pensionszusage getroffen, für die die Holding jährlich 24.000 Euro Rückstellungen bildet *(siehe Rechnung 18)*. Diese Rückstellung reduziert den zu versteuernden Gewinn der Holding und erhöht die Verbindlichkeiten. Diese 24.000 Euro bleiben jedoch weiterhin in der Holding.

Rechnung 18: Pensionsrückstellungen in Ansparphase

Gewinn- und Verlustrechnung

	Gewinn vor Steuern und Rückstellungen	**150.000 €**
–	Erhöhung Rückstellungen für Pensionszusagen	24.000 €
=	**Gewinn vor Steuern**	**126.000 €**

Passivseite der Bilanz

Langfristige Verbindlichkeiten

Pensionsrückstellungen (Vorjahr)	96.000 €
Pensionsrückstellungen (Geschäftsjahr)	(+24.000 €) 120.000 €

Hast du das Pensionsalter erreicht und die Bedingungen der Pensionsvereinbarung erfüllt, werden die Pensionsrückstellungen in der GmbH sukzessive aufgelöst und dir als Pension ausgezahlt. Da die Bildung der Rückstellung den Gewinn gemindert hat, bedeutet die Inanspruchnahme der Rückstellung eine Gewinnerhöhung. Dieser steht jedoch die Auszahlung der Pension in gleicher Höhe als Aufwand gegenüber.

Damit ist die Pensionszusage auch während der Auszahlung für die GmbH steuerneutral.

20 Jahre nach Vereinbarung der Pensionszusage mit ihrer Holding-GmbH erreicht Claudia das Pensionsalter. In den 20 Jahren hat die Holding-GmbH Pensionsrückstellungen in Höhe von 480.000 Euro gebildet. Die jährliche Pension an Claudia beläuft sich auf 36.000 Euro.

Um die Pension auszahlen zu können, muss die Rückstellung in gleicher Höhe in Anspruch genommen werden. Die Inanspruchnahme der Rückstellung erhöht den Gewinn, die Auszahlung der Pension reduziert ihn. Der Gewinnsaldo ist null – die Pensionszahlung ist damit steuerneutral für die Holding. *Rechnung 19* zeigt den Einfluss der Pensionszahlung auf die Gewinn- und Verlustrechnung und die Bilanz der Holding-GmbH für das erste Jahr der Auszahlungsphase.

Rechnung 19: Pensionsrückstellungen in Auszahlungsphase

Gewinn- und Verlustrechnung		
	Inanspruchnahme von Rückstellungen	36.000 €
–	Pensionszahlungen	36.000 €
=	**Gewinn vor Steuern**	**0 €**
Passivseite der Bilanz		
Langfristige Verbindlichkeiten		
	Pensionsrückstellungen (Vorjahr)	480.000 €
	Pensionsrückstellungen (Geschäftsjahr)	(–36.000 €) 444.000 €

Wie Gehältern gehören Pensionszahlungen zu deinem persönlichen Einkommen, auf das Einkommensteuer fällig wird.

Weil dieses Prinzip so genial ist, wiederhole ich es noch einmal:

Pensionen werden auf Ebene der Holding weder in der Ansparphase noch in der Auszahlungsphase besteuert. Die Pension wirkt damit wie ein steuerlich sofort aufwandswirksames Geschäftsführungsgehalt, dessen Zahlung in die Zukunft verschoben wird.

Durch die Pensionszusage in der Holding-GmbH kannst du von 100 Euro Pensionsrückstellung auch 100 Euro zur Vermögensmehrung investieren. Ohne Pensionsrückstellung würden die 100 Euro in der Holding GmbH mit 30% versteuert, so dass 70 Euro zum Investieren blieben. Bei einer Kapitalrendite von 4% bräuchtest du rund neun Jahre, um aus 70 Euro 100 Euro zu machen. **Die Pensionszusage verschafft dir also einen Vermögensvorsprung von neun Jahren.**

Hättest du die 100 Euro stattdessen als Geschäftsführungsgehalt an dich ausgezahlt und im Spitzensteuersatz versteuert, wären dir von 100 Euro vor Steuern nur 58 Euro nach Steuern zum Investieren geblieben. Dann bräuchtest du ganze 14 Jahre mit einer Kapitalrendite von 4%, um wieder auf 100 Euro zu kommen. **Im Vergleich zu Investitionen im Privatvermögen bedeutet die Pensionszusage in der Holding-GmbH einen Vermögensvorsprung von bis zu 14 Jahren.**

Noch imposanter ist der Vorteil der Pensionszusage aus der anderen Blickrichtung: Angenommen, du hast bislang monatlich 1.000 Euro privat in deine Altersvorsorge investiert, etwa über einen ETF-Sparplan. Weiterhin angenommen, du liegst mit deinem persönlichen Einkommen im Spitzensteuersatz. **Dann hast du vor Steuern 1.725 Euro verdienen müssen, um nach 42% Einkommensteuer noch 1.000 Euro in deine Altersvorsorge investieren zu können.**

Nachdem du die ersten beiden Steuerhebel kennengelernt hast, entscheidest du, diese 1.725 Euro nicht als Gehalt auszuzahlen, sondern in der Holding zu belassen und aus der Holding heraus in die Altersvorsorge zu investieren. In der Holding fallen 30% Steuern an. **Aus 1.725 Euro vor Steuern werden 1.205 Euro nach Steuern zur Investition in die Altersvorsorge.** In der (Holding-)GmbH hast du nach Steuern 20% mehr investierbares Kapital als nach persönlicher Einkommensbesteuerung im Spitzensteuersatz.

Mit einer direkten Pensionszusage durch die Holding kannst du vor Steuern in deine Altersvorsorge investieren – also die vollen 1.725 Euro.

Alle drei Varianten basieren auf dem gleichen erwirtschafteten Gewinn vor Steuern – das monatlich in die Altersvorsorge investierte Kapital unterscheidet sich aber gewaltig: Statt nur 1.000 Euro aus dem Privatvermögen kannst du in der Holding 1.205 Euro investieren – mit einer Pensionszusage sogar 1.725 Euro!

Abbildung 10:
Wertentwicklung der Altersvorsorge

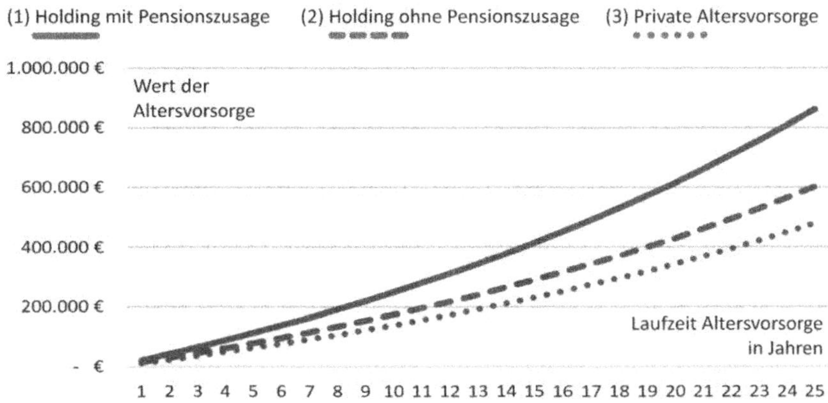

Bei gleichen erwirtschafteten Gewinnen vor Steuern in Höhe von monatlich 1.725 Euro und einer durchschnittlichen Kapitalrendite von 4% pro Jahr erreicht die Altersvorsorge über die Pensionszusage in der Holding nach 25 Jahren einen Wert von 862.070 Euro – 70% mehr als der Wert der privaten Altersvorsorge in Höhe von 500.001 Euro; 43% mehr als die Altersvorsorge über die Holding ohne Pensionszusage in Höhe von 601.941 Euro.

Variante der Altersvorsorge	**Monatl. Investition nach Steuern**	**Wert nach 25 Jahren**
(1) Holding mit Pensionszusage	1.725 €	862.070 €
(2) Holding ohne Pensionszusage	1.205 €	601.941 €
(3) Private Altersvorsorge	1.000 €	500.001 €

Abbildung 10 verdeutlicht eindrucksvoll die unterschiedliche Wertentwicklung der Altersvorsorge dieser drei Varianten der Altersvorsorge.

Unternehmergold-Tipp:

Mit dem Steuerrechner auf www.unternehmergold.de/steuern-bonus kannst du anhand deiner Daten berechnen, wie sich der Wert deiner Altersvorsorge in den drei Varianten bis zu deiner Pensionierung entwickelt.

Wie du mit der Holding die Nachteile von Pensionszusagen umgehst

Pensionszusagen bieten große Steuervorteile, können aber auch eine große bilanzielle Belastung und ein nicht zu unterschätzendes wirtschaftliches Risiko für die pensionsversprechende GmbH bedeuten. In deiner Holding wiegen bilanzielle Belastung und wirtschaftliches Risiko aber nicht so schwer wie in der Operativ-GmbH.

Die bilanzielle Belastung besteht vornehmlich in der Schwächung der Eigenkapitalquote: Die für Pensionszusage erforderlichen Pensionsrückstellungen werden auf der Passivseite der GmbH-Bilanz als Verbindlichkeiten ausgewiesen. Das wiederum bedeutet eine Schwächung der Kreditwürdigkeit der GmbH.

Das wirtschaftliche Risiko für die GmbH besteht darin, dass die genaue Höhe der aus der Pensionszusage folgenden Verpflichtung nicht vorhergesagt werden kann. Die Höhe der Verpflichtung dir gegenüber hängt nämlich davon ab, wie lange du lebst. Das ist das sogenannte Langlebigkeitsrisiko. Zum anderen besteht ein Kapitalanlagerisiko, denn die erzielbare künftige Kapitalrendite kann nicht vorhergesagt werden.

Aufgrund der bilanziellen Nachteile und dem wirtschaftlichen Risiko stellen Pensionszusagen üblicherweise eine erhebliche Hürde für einen Verkauf der GmbH oder für eine Nachfolgeregelung dar. Ein möglicher Käufer oder Nachfolger wird mit hoher Wahrscheinlichkeit auf eine Entpflichtung der GmbH von der Pensionszusage bestehen.

Sowohl die Auflösung der Pensionszusage als auch ihre Übertragung, z. B. auf eine andere GmbH oder eine Pensionskasse, bergen jedoch hohe steuerliche Risiken – sowohl für die GmbH als auch für dich persönlich. Bei einer Auflösung der Pensionszusage, also einem Verzicht deinerseits auf die vereinbarte Pension, bewertet der Fiskus das wie eine verdeckte Einlage in die GmbH. Berechtigterweise wird davon ausgegangen, dass dein Verzicht auf die Pension durch deine Stellung als Gesellschafter*in motiviert ist – jemand Fremdes würde zur Ermöglichung eines Unternehmensverkaufs einer Auflösung der Pensionszusage nicht ohne eine gleichwertige Abfindung zustimmen. Insofern wirkt dein Verzicht so, als wäre dir der Wert der Pensionszusage zugegangen und du hättest diesen dann in die Gesellschaft eingebracht. Entsprechend müsstest du den Wert der Pensionszusage als persönliches Einkommen versteuern, obwohl dir kein Einkommen zugeflossen ist.

Aber diese Nachteile greifen nur in der Operativ-GmbH. Für die Holding sieht die Lage ganz anders aus:

- **Im Gegensatz zur Operativ-GmbH wird die Holding unter keinen Umständen verkauft oder zu Lebzeiten übergeben.**

- **Die Holding ist der Hort deines Vermögens – sie ist deine persönliche Bank. Daher wird sie keine Fremdfinanzierung benötigen und sie ist auf eine hohe Kreditwürdigkeit nicht angewiesen.**

Der Daseins-Zweck deiner Holding ist das Halten und Verwalten deiner Beteiligungen und Vermögenswerte. Du kannst deine Beteiligungen und Vermögenswerte verkaufen, aber du verkaufst niemals die Holding selbst. In deiner Holding gibt es keinen dringenden Anlass, die Pensionszusage nachträglich zu ändern oder anzupassen, es sei denn, es ist zu deinem steuerlichen Vorteil.

Auch benötigt deine Holding in der Regel keine Fremdfinanzierung. Fremdkapital werden nur die Tochtergesellschaften deiner Holding aufnehmen, nicht die Holding selbst. Im Gegenteil, deine Holding wird durch die Beteiligungen und Vermögenswerte eine so gesunde Kapitalstruktur aufweisen, dass die Verbindlichkeit der Pensionszusage kaum ins Gewicht fällt.

Mit der Holding umgehst du die potenziellen Nachteile und Risiken, die eine Pensionszusage in der Operativ-GmbH mit sich brächte.

Welche Anforderungen die Pensionszusage erfüllen muss

Weil die Pensionszusage steuerlich so attraktiv ist, hat der Fiskus dafür einige Einschränkungen gesetzt. Eine Altersvorsorge durch die Pensionszusage ist durchaus gewollt, nicht jedoch, dass die Steuerlast der GmbH dadurch auf null gesenkt wird oder sogar Verluste erzielt werden.

Da du als Alleingesellschafter*in der Holding eine beherrschende Stellung innehast, muss die Pensionszusage der Holding an dich besonders hohe Anforderungen erfüllen. Damit sollen verdeckte Gewinnausschüttungen vermieden werden. Zugrundeliegendes Prinzip zur Prüfung der verdeckten Gewinnausschüttung ist – wieder einmal – der sogenannte Fremdvergleich. Das Finanzamt prüft für die Anerkennung der Pensionsrückstellung, ob die GmbH eine solche Pensionsvereinbarung auch dann mit dir getroffen hätte, wenn du nicht an der Gesellschaft beteiligt wärst.

Es hat sich eine umfangreiche Liste an Anforderungskriterien herausgebildet, die die Pensionsvereinbarung für geschäftsführende Gesellschafter zur Anerkennung der Pensionsrückstellung durch das Finanzamt erfüllen muss. Auf einige ausgewählte Kriterien gehe ich im Folgenden kurz ein:

Finanzierbarkeit: Die für die Pensionszusage erforderliche Rückstellung muss auch verlässlich erwirtschaftet werden können. Das ist aus Sicht der Finanzämter erst der Fall, wenn über einige Jahre nachhaltig Gewinne erzielt werden konnten. **Bei frisch gegründeten Gesellschaften lässt sich eine Pensionszusage daher nur schwer rechtfertigen.**

Probezeit: Die Pensionszusage setzt voraus, dass die oder der Pensionsberechtigte sich im Unternehmen bewiesen hat. Das ist erst nach einer gewissen Probezeit der Fall. **Je nach Berufserfahrung und Branchenkenntnissen sollte die Probezeit vor Inkrafttreten der Pensionszusage zwischen sechs Monaten und zwei Jahren betragen.**

Erdienbarkeit: Du musst dir die Pension bis Renteneintritt auch erdienen können. Dafür solltest du bis zum Renteneintritt wenigstens zwölf Jahre Geschäftsführer*in der Holding gewesen sein. **Zum Zeitpunkt der Pensionsvereinbarung musst du noch wenigstens zehn Dienstjahre Zeit bis zum Renteneintritt haben.**

Verhältnismäßigkeit: Die Pensionszusage sollte in einem angemessenen Verhältnis zum Geschäftsführungs-Gehalt stehen: **Die zugesagte Pension sollte nicht mehr als 75 % des Gehaltes betragen.**

Angemessenheit: Die Pensionszusage ist Teil der Geschäftsführungsvergütung. Gehalt, Pensionszusage und weitere Vergütungsbestandteile werden als Gesamtvergütung zu einer fiktiven Jahresnettoprämie zusammengerechnet. Auch diese muss dem Fremdvergleich standhalten und somit nicht höher sein, als dies für nicht an der Gesellschaft beteiligte Personen angemessen wäre.

Die Finanzämter haben bei der Einschätzung einen nicht zu unterschätzenden Ermessensspielraum. Es empfiehlt sich daher, proaktiv mit dem Finanzamt eine geplante Pensionsvereinbarung zu besprechen und mögliche Konfliktpunkte im Vorhinein auszuräumen.

Unternehmergold-Tipp:

Wenn du die Pensionszusage für dich umsetzen möchtest, kannst du mir das auf www.unternehmergold.de/steuern-bonus mitteilen. Ich kooperiere für die Umsetzung mit einer wirtschaftsjuristischen Kanzlei, die sich auf Pensionsvereinbarungen für Unternehmerinnen und Unternehmer spezialisiert hat.

Wie du die Geschäftsbesorgung für die Pensionszusage nutzt

Im dritten Steuerhebel hast du erfahren, wie du durch eine Anstellung bei der Holding und einen Geschäftsbesorgungsvertrag mit der Operativ-GmbH sowohl Vergütung als auch Gehalt für dich optimieren kannst.

Genau diese Gestaltung hilft dir enorm für die Umsetzung der Pensionszusage in der Holding: **Denn zum einen musst du für die Pensionszusage durch die Holding bei dieser auch angestellt sein; und zum anderen erzielt die Holding durch die Vergütung für die Geschäftsbesorgung genügend steuerpflichtiges Einkommen, um die Steuervorteile der Pensionszusage auch nutzen zu können.**

Die regelmäßigen Rückstellungen für die Pensionszusage wirken wie ein Aufwand und mindern den Gewinn der Holding. Dadurch kannst du dank der Pensionszusage vor Steuern investieren. **Dafür braucht die Holding aber genügend steuerpflichtiges Einkommen. Nur dann kann das zu versteuernde Einkommen durch den Aufwand der Pensionsrückstellungen reduziert werden.** Wie du aber weißt, sind die meisten Einkommensquellen der Holding, z. B. Dividenden und Veräußerungserlöse der Beteiligungen, zu 95% steuerfrei. Nur 5% der Dividenden und Veräußerungserlöse sind steuerpflichtiges Einkommen (mit Ausnahme von Dividenden bei einer Beteiligungsquote unter 10%, z. B. bei Aktien). Dividenden und Veräußerungsgewinne sind dazu noch stark schwankende und schwer planbare Einkünfte.

Durch die Geschäftsbesorgung für die Operativ-GmbH erzielt die Holding regelmäßige Erträge, die gewerbe- und körperschaftsteuerpflichtig sind. Auch Darlehen, Lizenzgebühren oder die Vermietung von Immobilien oder Maschinen von der Holding an die Tochtergesellschaften wären Möglichkeiten, ohne operative Risiken steuerpflichtiges Einkommen zu erzielen. Auf Ebene der Tochtergesellschaften sind das Kosten, die den Ertrag entsprechend reduzieren.

Rechnung 20: Geschäftsbesorgung und Pensionszusage

Dank *Rechnung 14* (*Seite 105*) hat Sven entschieden, statt einer direkten Anstellung als Geschäftsführer bei der Projektentwicklungsfirma, seine Holding mit der Geschäftsbesorgung beauftragen zu lassen.

Sven beschließt nun, eine Pensionszusage mit seiner Holding zu vereinbaren. Für die Pensionszusage soll in der Holding eine jährliche Rückstellung in Höhe von 40.000 Euro gebildet werden.

	Vergütung für Geschäftsführung der Operativ-GmbH	100.000 €
–	Geschäftsführungsgehalt	40.000 €
–	Erhöhung der Rückstellungen für Pensionszusagen	40.000 €
=	**Gewinn vor Steuern**	**20.000 €**
–	GewSt + KSt inkl. SolZ (30 %)	6.000 €
=	**Gewinn nach Steuern**	**14.000 €**

Während die Holding-GmbH in *Rechnung 14* (*Seite 105*) durch die Geschäftsführungsvergütung nach Abzug des Gehaltes noch einen Gewinn von 60.000 Euro aufzuweisen hatte, reduziert die Pensionsrückstellung den Gewinn vor Steuern auf 20.000 Euro. Die Steuerlast sinkt damit von 18.000 Euro auf 6.000 Euro. Entsprechend stehen der Holding-GmbH nun 54.000 Euro zum Investieren zur Verfügung (Pensionsrückstellung plus Gewinn nach Steuern), 12.000 Euro mehr als ohne Pensionszusage.

Wie du die Pensionsrückstellungen investierst

Wie du jetzt weißt, erhöht die GmbH zur Erfüllung der Pensionszusage regelmäßig (monatlich oder jährlich) die Pensionsrückstellungen. Diese Rückstellungen sind damit erst einmal nur in der Bilanz als Verbindlichkeit sichtbar und gewährleisten, dass dieser Kapitalstock nicht ausgeschüttet wird.

Die Rückstellungen sind jedoch nicht gebunden und können frei zur Vermögensmehrung investiert werden.

Doch wie und worin kannst du die Rückstellungen investieren? Ganz wie es dir beliebt! Es bestehen keinerlei Verpflichtungen oder Vorgaben, wie mit dem bilanziell geblockten Kapital umzugehen ist.

Solange sichergestellt ist, dass die GmbH die Rückstellungen nicht aufbraucht und verlässlich ausreichend Erträge zur vorgeschriebenen Erhöhung der Rückstellung erwirtschaftet, kann die Holding das Rückstellungskapital frei investieren.

Zum Beispiel kann die Holding dir aus dem Kapital auch ein Darlehen für den Kauf einer privat genutzten Immobilie geben. Bei den meisten anderen Formen von staatlich geförderter und steuerlich begünstigter Altersvorsorge fließt das Kapital an externe Versicherungsträger – du hast keinerlei Zugriff auf das Kapital. Mit einer direkten Pensionszusage hingegen kannst du das unversteuerte Kapital zum privaten Hauskauf nutzen!

Wichtig ist selbstverständlich, dass dein Investitionsportfolio ausreichend diversifiziert ist. Du solltest in Anlageklassen investieren, deren Wertentwicklung möglichst unabhängig oder sogar gegenläufig sind.

Ray Dalio, Gründer des Hedgefonds Bridgewater, hat die Abhängigkeit der Wertentwicklung verschiedener Anlageklassen untersucht und ein All-Wetter-Portfolio zusammengestellt[45]. Wie der Name schon sagt, soll sich dieses Portfolio bei jedem Wetter positiv entwickeln, unabhängig von der aktuellen Wirtschaftslage. Dieses All-Wetter-Portfolio besteht aus 30% Aktien, 55% Anleihen und 15% Rohstoffen.

Du kannst dir über ETFs sehr einfach und günstig ein All-Wetter-Portfolio zusammenstellen. Auch hierfür bieten ETFs eine einfache, günstige und fast automatische Lösung. Die ETF-Informationsplattform „extraETF“ hat passende ETFs zusammengestellt, die das All-Wetter-Portfolio abbilden[46].

Ein häufiger Rat bezogen auf Investitionen für die Altersvorsorge ist, das Investitionsportfolio mit zunehmendem Alter und abnehmender Zeit bis zur Entnahmephase allmählich zu verschieben: weg von höher risikobehafteten Investitionen, die aber auch höhere Renditen ermöglichen, wie etwa Aktien, hin zu sichereren und weniger schwankenden Vermögenswerten wie (Staats-)Anleihen. Schließlich wäre es ungünstig, wenn du in Pension gehst und mit der Entnahme startest, zufällig, wenn die Aktienmärkte gerade im Keller sind. Je knapper die Altersvorsorge kalkuliert ist, desto wichtiger ist Sicherheit für das Portfolio.

Dein Ziel sollte sein, dass Sicherheit für dein Portfolio weniger wichtig ist; dass dein Portfolio mehr Risiko und Rendite verträgt. Dafür brauchst du entsprechend viel Puffer: ein ausreichend großes Vermögen. Als Unternehmer*in bist du in einer guten Position, durch deine unternehmerische Wertschöpfung Vermögen aufzubauen. Mit den Steuerhebeln in diesem Buch kannst du dein Vermögen gleichzeitig sichern und mehren. Dann sollte dein Vermögen in der Holding auch in deinem „Ruhestand“ genügend Erträge erwirtschaften, um deinen Lebensunterhalt zu finanzieren – du lebst auch dann von den Erträgen, nicht von der Substanz deines Vermögens.

---

[45] Ray Dalio: „All Weather Portfolio Strategy Portfolio”, 2019

[46] https://de.extraetf.com/etf-portfolio/allwetter-portfolio-von-ray-dalio, abgerufen am 06.11.2020

Wenn du dich für deine Vermögensplanung und deine Altersvorsorge professionell beraten lassen möchtest, dann wende dich bitte an eine Honorarberatung. Wenn du nicht selbst für die Beratung zahlst, bezahlt jemand anderes – meist über Provision der vermittelten Finanzprodukte. Wenn du aber nicht bezahlst, bist du nicht der Kunde, sondern das Produkt.

Zusammenfassung: Deine ideale Altersvorsorge

Über eine betriebliche Altersvorsorge erschaffst du dir deine ganz private Rentenversicherung, ohne dass Kapital an eine externe Versicherung abfließt.

Mit einer direkten Pensionszusage der Holding behältst du die Kontrolle über das investierte Kapital und kannst vor Steuern in deine Altersvorsorge investieren. **Durch diesen Steuerhebel erreichst du ein um 80 % höheres Vermögen als über privates Sparen und Investitionen in die Altersvorsorge – das ist gleichbedeutend mit 14 Investitionsjahren, die du zusätzlich gewinnst!**

Für die Altersvorsorge mit Pensionszusagen in der Holding sind die entscheidenden Erkenntnisse,

- dass du durch eine Pensionszusage deiner Holding vor Steuern in deine Altersvorsorge investieren kannst;
- dass die Pension wie ein steuerlich sofort aufwandswirksames Geschäftsführungsgehalt wirkt, dessen Zahlung in die Zukunft verschoben wird;
- dass Pensionsrückstellungen bei einer Direktzusage im Gegensatz zu anderen Formen der Altersvorsorge keinen Zahlungsabfluss bedeuten, sondern das Kapital und damit die Liquidität in der GmbH bleibt;
- dass du bei Pensionszusagen in der Holding völlige Kontrolle über die Kapitalverwendung und die Investitionen hast;
- dass du mit der Pensionszusage durch die Holding die Nachteile umgehst, die Pensionszusagen in Operativ-GmbHs mit sich bringen können;
- dass aufgrund der großen steuerlichen Vorteile auch strenge Anforderungen für die Anerkennung durch das Finanzamt eingehal-

ten werden müssen, dass diese Anforderungen aber auch recht klar formuliert sind;

- dass die Anstellung bei der Holding als Geschäftsführer*in und Geschäftsbesorgung der Holding für die Operativ-GmbH nicht nur steuerliche Vorteile haben (wie im dritten Steuerhebel beschrieben), sondern auch für die Pensionszusage durch die Holding von großem Vorteil sind;
- dass die Pensionszusage einen Vermögensvorsprung von 80% und 14 Jahren bedeutet.

Zusammenfassung:
5 Steuerhebel für dein Vermögen

Im Verlauf dieses Buches habe ich dir die wichtigsten fünf Steuerhebel dargelegt, die du als Unternehmer*in vornehmen kannst – für die Sicherung deines Vermögens und eine langfristige und nachhaltige Vermögensmehrung.

Das war meine Motivation für dieses Buch: Mich hat es gewurmt, dass so wenige Unternehmerinnen und Unternehmer in meinem Umfeld die steuerlichen Grundprinzipien kennen; dass sie zwar unternehmerisch erfolgreich sind, aber zu wenig von der Ernte bei ihnen ankommt; kurz, dass sie im Vermögensaufbau und der Vermögenssicherung nicht dort stehen, wo sie stehen könnten.

Habe ich dieses Ziel erreicht? Waren neue Erkenntnisse für dich dabei? Wenn ja, dann können wir uns gegenseitig gratulieren. Den ersten Schritt haben wir erfolgreich getan.

Aber du weißt so gut wie ich, dass Erkenntnis allein wenig wert ist, solange ihr keine Taten folgen. Nur durch die Umsetzung, wenn du die Hebel auch wirklich umlegst, wirst du noch erfolgreicher und zufriedener sein.

Das ist mein Leitmotiv für Unternehmergold: Wissen und Werkzeuge für dein Vermögen. Das Wissen ermöglicht die Erkenntnis, die Werkzeuge erleichtern die Umsetzung.

Daher fasse ich folgend die Handlungsempfehlungen noch einmal zusammen und verweise auf die zugehörigen Werkzeuge zur Umsetzung.

Die Essenz des Buches liegt in fünf Steuerhebeln, mit denen du Steuern sparst, dein Vermögen sicherst und schneller vermehrst:

Erster Steuerhebel:
**Wandle dein Unternehmen in eine GmbH um,
falls es noch keine ist!**

Nur, solange du das Einkommen deines Unternehmens und ggf. alle Einkommen aus anderen Quellen vollständig zur Deckung deines Lebensunterhalts benötigst, reicht ein Einzelunternehmen oder Personenunternehmen für dich aus. Sobald du mehr erwirtschaftest und freies Kapital für den Vermögensaufbau übrig hast, solltest du dieses Kapital durch die GmbH vor der persönlichen Einkommensversteuerung schützen.

Zweiter Steuerhebel:
**Überführe deine Unternehmensanteile und dein Vermögen
in eine Holdingstruktur!**

Nur, falls du jegliches operatives Risiko aus deinen gewerblichen Aktivitäten ausschließen kannst, solltest du Gewerbe und Vermögen in ein und derselben GmbH belassen. In allen anderen Fällen solltest du dein Vermögen vom operativen Risiko trennen und gleichzeitig die persönliche Besteuerung vermeiden.

Das erreichst du über eine Holding-GmbH, die du zwischen dich als Person und dein operatives Unternehmen schaltest. Die Holding wird zur Mutter mit der operativen GmbH als Tochter. Dividenden deines operativen Unternehmens an die Holding sind größtenteils steuerbefreit. Gleichzeitig ist das operative Risiko in der Tochter gefangen und auf deren Vermögen begrenzt. Das Vermögen der Holding bleibt geschützt.

Halte dich unbedingt an die Fünf Goldenen Regeln für die Holding, dann wird deine Holding unsterblich!

Dritter Steuerhebel:

Schließe einen Geschäftsbesorgungsvertrag zwischen der Operativ-GmbH und deiner Holding und steuere dein Gehalt über die Holding!

Du solltest einen Anstellungsvertrag mit deiner Holding haben, nicht mit dem operativen Unternehmen. Dieses sollte die Holding mit der Geschäftsbesorgung beauftragen. Dadurch kannst du mit der operativen GmbH eine angemessene Vergütung für die Geschäftsführung vereinbaren, vermeidest aber gleichzeitig die unmittelbare persönliche Besteuerung und kannst über eine Anstellung in der Holding dein persönliches Gehalt optimal steuern.

Darüber hinaus solltest du Darlehen nutzen, um Kapital flexibel zwischen dir und der Holding zu transferieren.

Vierter Steuerhebel:

Investiere aus deiner Holding heraus zur Vermögensmehrung!

Deine Holding ist deine persönliche Investmentbank. Durch Dividenden des operativen Unternehmens an die Holding hast du Kapital zum Investieren. Dividenden und Veräußerungsgewinne aus Vermögensinvestitionen sind in deiner Holding stark begünstigt. Diese solltest du daher unbedingt aus deiner Holding heraus vornehmen.

Fünfter Steuerhebel:

Vereinbare mit deiner Holding eine Pensionszusage und investiere vor Steuern in deine Altersvorsorge!

Verpflichtet sich deine Holding zur Zahlung einer Pension, sobald du das Rentenalter erreicht hast, muss sie dafür regelmäßige Pensionsrückstellungen bilden. Diese Rückstellungen bedeuten für die Holding einen gewinnmindernden Aufwand und sind damit steuerneutral.

Du kannst dadurch vor Steuern – und damit 80% mehr als nach Steuern – in deine Altersvorsorge investieren, beispielsweise in ETFs, Aktien oder Immobilien.

Jetzt, da du die wichtigsten fünf Steuerhebel kennst, solltest du für dich persönlich einen Plan zur Umsetzung entwickeln. Du musst nicht alle Steuerhebel auf einmal umsetzen – mache es in der Geschwindigkeit, die zu dir und deinen unternehmerischen Prioritäten am besten passt.

Mache dir einen langfristigen Plan. **Schritt für Schritt, Hebel für Hebel vorzugehen, ist meist schneller, als zu viel auf einmal zu wollen.** Denn dadurch reduzierst du die Komplexität und erleichterst den jeweils nächsten Schritt. Dazu passt ein Leitspruch der US Navy Seals: „Slow is smooth, and smooth is fast".

Unternehmergold-Tipp:

Auf www.unternehmergold.de/steuern-bonus findest du das Bonusmaterial zu diesem Buch und viele Werkzeuge zur Umsetzung: Ganz konkrete Anleitungen und Hilfestellungen, die dir die Umsetzung meiner Handlungsempfehlungen erleichtern.

Mit den weiterführenden Hilfestellungen und Werkzeugen auf der Unternehmergold-Webseite hast du alles, was du zum Umsetzen der Steuerhebel brauchst.

Falls nicht, schreib mir bitte an feedback@unternehmergold.de, wie ich deine Umsetzung noch besser unterstützen kann.

Was ist, wenn sich Steuersätze und -gesetze verändern?

Alle Empfehlungen und Berechnungen in diesem Buch basieren auf der aktuell gültigen Steuergesetzgebung. **Was ist aber, wenn Steuergesetze oder Steuersätze sich ändern? Fallen dann alle meine Empfehlungen in sich zusammen? Nein, tun sie nicht.**

Wir wissen nicht, wie die Gesetze sich ändern, aber wir wissen, dass sie sich ändern. Folglich müssen wir auf Änderungen vorbereitet sein und unsere Maßnahmen auf Beständigkeit abklopfen.

Aus diesem Grund halte ich nicht viel von rein steuerlicher Optimierung, sondern fokussiere auf Steuerhebel und Maßnahmen, die langfristigen Bestand haben.

Damit die Maßnahmen und Schlussfolgerungen auch bei Gesetzesänderungen Bestand haben, müssen die zugrundeliegenden Prinzipien stimmen. Die Maßnahmen müssen vor allem unternehmerisch sinnvoll sein und nicht nur aus steuerlichen Gründen.

Lass uns doch zum Abschluss noch einmal prüfen, ob meine empfohlenen Maßnahmen belastbaren Prinzipien folgen und unternehmerisch sinnvoll sind.

Das erste Prinzip ist die Trennung von dir als Person auf der einen Seite und deinem Unternehmen auf der anderen Seite. **Die gedankliche Trennung fördert den Perspektivwechsel, stärker *am* eigenen Unternehmen zu arbeiten statt *im* Unternehmen.** Weg vom selbst und ständig hin zum Geschäftssystem, bei dem die Wertschöpfung mehr und mehr auch ohne deine unmittelbare Arbeitsleistung funktioniert. Das spricht für die GmbH und gegen Personenunternehmen als Rechtsform.

Die rechtliche Trennung von operativem Risiko und Vermögen ist zur Vermögenssicherung sinnvoll. Das spricht für die GmbH und gegen Personenunternehmen als Rechtsform.

Der internationale Steuerwettbewerb ist bei der Besteuerung von Kapitalgesellschaften wie GmbHs aufgrund der einfacheren Verschiebung des Firmensitzes höher als bei der Besteuerung von Personenunternehmen. Es ist daher nicht unmöglich, aber unwahrscheinlich, dass in der GmbH thesaurierte Gewinne künftig höher besteuert werden als Gewinne in Personenunternehmen. Das spricht für die GmbH und gegen Personenunternehmen als Rechtsform.

Die weitgehende Steuerbefreiung von Veräußerungsgewinnen und Dividenden an die Holding vermeidet die Doppelbesteuerung.

Eine doppelte Besteuerung der Gewinne auf Ebene der Tochtergesellschaften und dann noch einmal als Dividende auf Ebene der Holding wäre ungerecht. Es ist nicht unmöglich, aber unwahrscheinlich, dass vom Prinzip der Vermeidung von Doppelbesteuerung gravierend abgewichen werden wird. Das spricht für das Halten von GmbH-Anteilen und Vermögenswerten in der Holding und gegen das Halten im Privatvermögen.

Das Vermögen und die Einkünfte, die über den Konsum und das Bestreiten des Lebensunterhalts hinausgehen, werden investiert. Jede Investition hat eine Gewinnerzielungsabsicht. Die Gewinnerzielungsabsicht ist das entscheidende Kriterium für den Fiskus für eine gewerbliche Tätigkeit. Damit ist jede Investition ein Gewerbe, ein Unternehmen. Dann ist es nur konsequent, diese Investition auch aus einer gewerblichen Rechtsform heraus zu machen. **Das spricht für die Investitionen aus der Holding oder aus Tochtergesellschaften der Holding heraus und gegen Investitionen aus dem Privatvermögen.**

Unternehmerinnen und Unternehmer fallen meist aus der gesetzlichen Rentenversicherung heraus. Es ist im Interesse des Gesetzgebers, dass sie privat für ihr Alter vorsorgen. Es kann sein, dass Unternehmer*innen künftig auch in die gesetzliche Rentenversicherung einzahlen müssen oder dass andere Formen der privaten Altersvorsorge steuerlich stärker begünstigt werden, als das aktuell der Fall ist. Es ist aber unwahrscheinlich, dass Pensionszusagen der GmbH steuerlich bestraft und unwirtschaftlich werden. Das spricht weiterhin für die Pensionszusage als Teil der privaten Altersvorsorge von Unternehmerinnen und Unternehmern.

Basierend auf diesen Überlegungen und Prinzipien bin ich überzeugt, dass die Steuerhebel und Empfehlungen in diesem Buch langfristigen Bestand haben und auch durch künftige Änderungen von Steuergesetzen und Steuersätzen nicht umgeworfen werden.

Wie du deiner Steuerberatung hilfst, dir zu helfen

Keine der in diesem Buch beschriebenen Steuerhebel solltest du in Eigenregie umsetzen: Als Unternehmer*in brauchst du eine gute Steuerberatung – für dein operatives Unternehmen und für deine Holding.

Du solltest aber in jedem Fall auch selbst über eine fundierte Steuerbildung verfügen. Nur, wenn du ein ausreichendes Verständnis von steuerlichen Zusammenhängen hast, kannst du deinen Steuerberater entsprechend instruieren und Sachverhalte steuerlich prüfen lassen. Dass du dir dieses Buch vorgenommen hast, zeigt deinen Willen deine Steuerbildung zu vertiefen.

Mein Eindruck ist, dass viele Unternehmerinnen und Unternehmer eine falsche Erwartungshaltung hinsichtlich der Rolle und den Leistungen ihrer Steuerberatung haben.

Es mir wichtig, Missverständnisse auszuräumen und dir einige Tipps zur Zusammenarbeit mit deiner Steuerberatung mitzugeben. Die überwiegende Zahl der Steuerberaterinnen und Steuerberater halte ich für fachlich sehr kompetent – es liegt auch an dir, diese Kompetenz für dich und dein Unternehmen zu nutzen.

Da die meisten Unternehmen ihre Steuerberatung auch mit der Buchhaltung beauftragen, differenziere ich in meinen Ausführungen nicht zwischen Steuerberatung und Buchhaltung, sondern nutze den Begriff Steuerberatung synonym und integriert mit der Buchhaltung.

Missverständnis #1:
Unternehmer*innen sehen Bringschuld bei der Steuerberatung, Steuerberatungen sehen Holschuld bei Unternehmer*innen.

Die meisten Steuerberatungen übernehmen auch die Buchhaltung für ihre Mandanten. Damit liegen ihnen sehr umfassende betriebswirtschaftliche Daten zum Unternehmen vor. Viele Unternehmerinnen und Unternehmer gehen daher davon aus, dass die Steuerberatung sich schon melden wird, wenn aus den Daten Risiken abzulesen wären oder sich steuerliche Optimierungspotenziale ergäben. Sie verstehen ihre Steuerberatung wie ärztliches Fachpersonal, das ein Langzeit-Elektrokardiogramm (EKG) auf den betriebswirtschaftlichen Zustand des Unternehmens durchführt und bei Störungen zum Hörer greift.

Steuerberatungen verstehen ihre Buchhaltung jedoch als Datenerfassung und Datenaufbereitung. Die automatisch erstellte betriebswirtschaftliche Auswertung (BWA) wird üblicherweise monatlich übermittelt. Anders als ärztliches Personal bewerten und interpretieren sie die BWA nicht – wenn das nicht ausdrücklich beauftragt wurde.

Tipp: Sorge für eine Aufbereitung und Bewertung der BWA!

Du brauchst unbedingt einen Überblick und Verständnis über die betriebswirtschaftliche Situation deines Unternehmens. Und das zu jeder Zeit. Nur dann kannst du dein Unternehmen vorausschauend führen, Potenziale für mehr Umsatz oder weniger Kosten heben und Risiken frühzeitig entdecken.

Um dieses Verständnis zu ermöglichen, brauchst du ein gutes Controlling: die Erhebung, Bewertung, Interpretation und Aufbereitung der betriebswirtschaftlichen Daten für bessere unternehmerische Entscheidungen.

Ohne Controlling fährst du dein Unternehmen auf Sicht, ohne Navigation, ohne Ausguck, der rechtzeitig vor Eisbergen warnt.

Wenn bislang niemand das Controlling für dich und dein Unternehmen vorgenommen hat, hast du mehrere Optionen, das zu ändern. Viele Steuerberatungen bieten auch Unternehmensberatung und Controlling an. Du könntest auch für das Controlling jemanden einstellen, sei es in Teilzeit, oder freiberuflich beauftragen. Es gibt auch Softwarelösungen, die die betriebswirtschaftlichen Daten besser lesbar machen und das Controlling vereinfachen.

Egal, wofür du dich entscheidest, kaum eine Investition wird sich so schnell auszahlen wie die in ein gutes Controlling.

Tipp: Beauftrage deine Steuerberatung mit regelmäßigen Steueroptimierungen!

Wie schon gesagt, die Holschuld für Beratung liegt bei dir, nicht bei deiner Steuerberatung. Wenn du steuerliche Beratung wünschst, musst du sie auch beauftragen:

1) Vereinbare mit deiner Steuerberatung, dass diese regelmäßig deine Daten nach steuerlichen Optimierungspotenzialen durchforstet. Das kann quartalsweise geschehen oder auch einmal pro Jahr.
2) Informiere deine Steuerberatung auch über größere Investitionsvorhaben und wichtige Unternehmensentscheidungen und **lass die steuerlichen Implikationen vor der Umsetzung prüfen.** Nach der Umsetzung gibt es kaum noch Gestaltungsspielraum.
3) Setze dich wenigstens einmal pro Jahr mit deiner Steuerberatung zusammen und sprich deine Planung und wichtigsten Ziele für das nächste Geschäftsjahr durch.

Nur so ermöglichst du deiner Steuerberatung, dich steuerlich wirklich zu beraten. Auch diese Investition zahlt sich schnell aus.

Missverständnis #2:
Unternehmer*innen denken, ihre Steuerberatung hätte alle nötigen Informationen.

Die meisten Steuerberatungen sind nicht spezialisiert, sondern haben Mandanten aus ganz unterschiedlichen Branchen; z.B. Einzelhandel, Restaurants, Handwerksbetriebe, Agenturen oder produzierende Unternehmen. Jede Branche, jedes Geschäftsmodell hat unterschiedliche Anforderungen, jedes Unternehmen ist anders.

Die Buchhaltung kann in den meisten Fällen aus den Dokumenten schließen, wie der Vorgang gemäß den rechtlichen Vorschriften an das externe Rechnungswesen korrekt verbucht werden muss. Damit ist das Finanzamt zufrieden.

Was die Buchhaltung nicht weiß, ist, wie die Vorgänge für dein internes Rechnungswesen zugeordnet werden müssen, damit du die Daten bestmöglich für das Controlling nutzen kannst. Zu welchem Produkt, zu welchem Projekt, zu welchem Team gehört diese Eingangsrechnung?

Ohne die richtige Zuordnung landen alle Eingangsrechnungen in Sammel-Töpfen wie ‚Wareneingang' oder ‚Fremdleistungen'. Die Daten verlieren damit einen großen Teil ihrer Aussagekraft und müssen mit großem Aufwand nachträglich zugeordnet werden.

Tipp: Vereinbare eine spezifische Anpassung des Kontenplans für dein Unternehmen.

Es gibt sogenannte Standardkontenrahmen (SKR) zur einheitlichen Zuordnung von Geschäftsvorgängen zu Buchungskonten. Für einige Branchen wie Einzelhandel oder Hotels gibt es sogar branchenspezifische Kontenrahmen. Deine Steuerberatung wird zu Beginn eurer Zusammenarbeit einen geeigneten Standardkontenrahmen ausgewählt haben.

Innerhalb des Standardkontenrahmens stellt die Steuerberatung dann einen Kontenplan auf. Beispielsweise wird für jeden Lieferanten ein eigenes Kreditorenkonto und für jeden Kunden ein eigenes Debitorenkonto angelegt.

Für künftige Auswertungen und gutes Controlling brauchst du jedoch weitere Differenzierungen. Für jeden Standort, jede Abteilung, jedes Produkt oder auch jedes einzelne Projekt sollten entsprechende Unterkonten angelegt werden.

Teile deiner Steuerberatung mit, welche Differenzierungen du benötigst und vereinbare einen passenden Kontenplan!

Tipp: Nutze Software zur Vorkontierung der Daten und Übermittlung an die Steuerberatung.

Hast du einen individuellen Kontenplan vereinbart, solltest du auch die korrekte Zuordnung der Geschäftsvorgänge ermöglichen.

Bei Ausgangsrechnungen könnte die Rechnungsnummer einen Schlüsselcode enthalten, aus dem die Buchhaltung das Unterkonto ableiten kann.

Bei Eingangsrechnungen ist die Zuordnung für die Buchhaltung deutlich schwieriger und bedarf meist einer zusätzlichen Kommunikation zwischen der internen, vorbereitenden Buchhaltung und der externen Buchhaltung bei deiner Steuerberatung.

Um die Kommunikation zwischen interner und externer Buchhaltung zu vereinfachen und umständliches Hin und Her zu vermeiden, empfehle ich die Nutzung von Softwarelösungen zur digitalen Übermittlung von Belegen und Zusatzinformationen.

Missverständnis #3:
Deine Steuerberatung kann dir bei allen Steuerfragen helfen.

Um es mit Theodor Fontane zu sagen: Steuern sind ein weites Feld. Nur weil deine Steuerberatung im Tagesgeschäft gute Arbeit leistet, ist sie nicht unbedingt die beste Anlaufstelle für jede steuerliche Frage.

So wie du dich nicht von deiner Allgemeinärztin oder deinem Allgemeinarzt am Herzen operieren lassen würdest, solltest du dich für Spezialthemen auch an spezialisierte Steuerberatungen wenden. Erfahrung ist viel wert, wenn es beispielsweise um die Umwandlung vom Personenunternehmen zur GmbH oder die Übertragung von Vermögenswerten an die Holding geht. Durch Erfahrung kennt eine spezialisierte Steuerberatung mögliche Fallstricke und kann diese umgehen.

Viele Steuerberatungen befürchten, ihre Mandanten an die spezialisierten Beratungen zu verlieren. Daher überweisen sie ihre Mandanten nur ungern weiter und machen die Spezialthemen notgedrungen mit.

Tipp: Prüfe, ob du für spezielle Themen auch spezialisierte Beratungen mit einbindest.

Die spezialisierte Steuerberatung erfolgt dann meist zusätzlich zur Allgemein-Steuerberatung und der laufenden Buchhaltung – du brauchst dafür nicht die Steuerberatung zu wechseln. Auch deine Allgemein-Steuerberatung müsstest du für die zusätzliche Beratung gesondert bezahlen – dann kannst du auch gleich zu einer Fachberatung gehen, die ist nicht unbedingt teurer.

Wenn deine Allgemein-Steuerberatung meint, die Spezialthemen auch bedienen zu können, dann solltest du unbedingt darauf bestehen und achtgeben, dass sie dafür auch die Haftung übernimmt.

Gerade bei Steuerfragen mit großen Auswirkungen sind die Kosten für eine zusätzliche Prüfung – sozusagen eine Zweitmeinung – gut investiert. Wenn du also deine Allgemein-Steuerberatung mit der Durchführung beauftragst, kannst du zusätzlich eine Fachberatung mit der Prüfung beauftragen.

Missverständnis #4:
Wenn du deine Steuerberatung nicht verstehst, liegt es an dir.

Steuerberater*innen sind Fachleute auf ihrem Gebiet – für diese ist herausfordernd, sich in die Position von Nicht-Fachleuten hineinzuversetzen; es ist anstrengend und erfordert Arbeit, sich für Fachfremde verständlich auszudrücken. Die Fachsprache der Steuern und Buchhaltung muss in die Sprache von Unternehmer*innen übersetzt werden.

Das ist die Aufgabe deiner Steuerberatung. Dafür bezahlst du sie. Nicht für Fach-Kauderwelsch, sondern dafür, dass sie dein Verständnis steuerlicher Konsequenzen erhöht und du bessere unternehmerische Entscheidungen treffen kannst.

Wenn du deine Steuerberatung nicht verstehst, dann liegt es nicht an deiner Begriffsstutzigkeit, sondern an einer mangelnden Übersetzungsleistung. Das solltest du auch so kommunizieren – und einfordern.

Tipp: Wähle eine Steuerberatung, die deine Sprache spricht.

Wenn du deine Steuerberaterin oder deinen Steuerberater wiederholt nicht verstehst, auch nach mehrmaligem Nachfragen, habt ihr ein Kommunikationsproblem.

Egal, was der Grund für das Kommunikationsproblem ist, du brauchst eine andere Steuerberatung!

Eine für dich passende Steuerberatung erkennst du an diesen Eigenschaften:

- Die Steuerberatung kennt deine Branche und hat viele ähnliche Unternehmen als Mandanten.

- Die Steuerberatung kann sich für dich verständlich ausdrücken und versucht auf Nachfrage neue Erklärungsansätze zu finden (ohne Augenrollen).

- Die Steuerberatung hat keine einfachen und schnellen Antworten, sondern stellt wie bei einer ärztlichen Untersuchung viele Fragen, um die Gesamtsituation besser zu verstehen und bessere Lösungen zu entwickeln.

Ein Wechsel der Steuerberatung bringt uns zum nächsten Missverständnis.

Missverständnis #5:
Die Steuerberatung zu wechseln, bedeutet großen Aufwand und hohe Kosten.

Viele Unternehmerinnen und Unternehmer sehen sich gefangen und wechseln die Steuerberatung auch dann nicht, wenn sie schon lange unzufrieden sind.

Dafür gibt es meist zwei Gründe: Zum einen befürchten die Unternehmer*innen beim Wechsel der Steuerberatung große Reibungen, Mehraufwand und damit verbundene Kosten. Zum anderen wissen die Unternehmer*innen nicht, wohin sie wechseln sollen, welche Steuerberatung für sie besser passt.

Zumindest für den ersten Grund kann ich Entwarnung geben: Steuerberatungen sind nach dem Steuerberatergesetz verpflichtet, alle Daten und Unterlagen an die neue Steuerberatung zu übergeben. Du solltest dir von der alten Steuerberatung unbedingt alle Daten entsprechend der „Grundsätze zum Datenzugriff und zur Prüfbarkeit digitaler Unterlagen" (GDPdU) aushändigen lassen.

Auch zeitlich gibt es keine großen Einschränkungen. Vermeide jedoch den Wechsel, während deine alte Steuerberatung gerade noch mit Steuererklärungen, Jahresabschlüssen oder Bilanzen beschäftigt ist. In diesen Fällen müsstest du die geleisteten Arbeiten doppelt zahlen – an die alte und an die neue Steuerberatung.

Ein guter Zeitpunkt ist der Wechsel direkt nach der Erstellung des Jahresabschlusses und der Jahressteuererklärung.

Tipp: Wechsle die Steuerberatung, wenn du nicht zufrieden bist.

Eine gute und für dich passende Steuerberatung ist enorm wichtig und kann den Unterschied zwischen Erfolg und Misserfolg ausmachen. Also wechsle, wenn du nicht zufrieden bist!

Wenn dein Unternehmen nicht gerade aus anderen Gründen am Abgrund steht und du dich voll auf die Rettung konzentrierst, gibt es für dich kaum eine wichtigere Aufgabe als eine neue Steuerberatung zu finden.

Wenn du noch nicht weißt, wohin du wechseln sollst, investiere die Zeit, die passende Steuerberatung zu finden. Sprich mit anderen Unternehmerinnen und Unternehmern, bevorzugt aus deiner Branche, und frag sie, ob sie mit ihrer Steuerberatung zufrieden sind. Suche im Internet nach Steuerberatungen für deine Branche, lerne sie kennen und schau, bei wem du dich gut aufgehoben und verstanden fühlst. Hauptsache, du tust alles, das Problem zu lösen!

Dein Weg zum Unternehmergold

War das Buch hilfreich für dich? Hast du Steuerhebel kennengelernt, von denen du wünschtest, jemand hätte dir schon vorher davon erzählt?

Dann sei du dieser jemand für dein Umfeld: Wer würde von den Steuerhebeln am meisten profitieren? Erzähle dieser Person, was du gelernt hast und warum es sich lohnt, sich etwas mehr mit dem Thema Steuern zu befassen – der Dank ist dir gewiss!

Wer auf Amazon nach einem guten Buch über Steuern sucht, orientiert sich natürlich hauptsächlich an den Bewertungen. Bitte hilf mir mit deiner Bewertung, das Buch populärer zu machen. Ich danke dir vorab dafür!

Dein nächster Schritt sollte die Umsetzung sein. Es reicht mir nicht, dir mit diesem Buch die Steuerhebel nur aufzuzeigen, sondern ich will dir auch die Umsetzung so einfach wie möglich machen.

Auf www.unternehmergold.de/steuern-bonus **findest du das Bonusmaterial und all alle Werkzeuge zum Buch:** u. a. den Steuerrechner für deinen persönlichen Steuervergleich, Hilfestellungen zu GmbH-Gründung und GmbH-Umwandlung sowie zur Umsetzung der Pensionszusage.

Ich arbeite fortwährend daran, die Umsetzungshilfen auszubauen und zu verbessern. **Wenn du auch den Newsletter abonnierst, kann ich dich auf dem Laufenden halten und du erhältst neues Unternehmergold mit Wissen und Werkzeugen bequem in deine Inbox.**

Auf der Webseite und im Newsletter veröffentliche ich regelmäßig Antworten zu Fragen meiner Leserinnen und Lesern. Folgende Fragen haben mich schon erreicht und werden beantwortet:

- Wie du mit GmbH & Co. KG oder „Atypisch Still“ Gewerbesteuer sparen kannst und warum ich das dennoch nicht empfehle
- Warum ich eine gewerbliche und keine vermögensverwaltende Holding empfehle
- Wann sich eine Übertragung eines Privatdepots an die GmbH lohnt
- Wie du mit einem Zweitdepot Steuern sparen kannst

Wenn deine Fragen noch nicht beantwortet sind oder du noch andere Umsetzungshilfen benötigst, dann teile mir das bitte mit. Vermutlich geht es anderen auch so, die trauen sich nur nicht zu fragen. Der Newsletter soll keine Einbahnstraße sein – **ich freue mich auf dein Feedback und unseren Austausch!**

Egal auf welchem Weg – ich hoffe, du bist an mehr Unternehmergold von mir interessiert und wir bleiben in Kontakt.

Meine Mission für Unternehmergold lautet schließlich:
Wissen und Werkzeuge für dein Vermögen.

Viele Grüße
Alexander

Danksagung

Beim Schreiben und der Bearbeitung dieses Buches habe ich großartige Unterstützung erfahren.

Ich danke meiner Markenberaterin **Lisa Schwarz** vom Büro für Systemische Markenentwicklung: *Die Zusammenarbeit mit dir ist für mich eine große Bereicherung. Ich danke dir für den kreativen Austausch, deine Ideen und Anregungen bei der Entwicklung der Marke Unternehmergold und der visuellen Sprache dieses Buches.*

Ich danke meiner Lektorin **Manuela Runge**: *Es war mir eine Freude, eine so erfahrene Autorin und Lektorin wie dich an meiner Seite zu haben. Nach dem Lesen deines Buches „Erfinderleben" über die Lilienthal Brüder war mir klar: Du kannst mir helfen, auch komplexe Zusammenhänge einfach und verständlich zu formulieren. Danke für deine Unterstützung!*

Ich danke allen befreundeten Unternehmerinnen und Unternehmern für ihre Fragen, ihre Anregungen und Korrekturen: **Tolga Ermis, Tim Hebborn**, **Robert Heim**, **Silke Langer**, **Friedhelm Lührs**, **Jörg Pillath**, **Natascha Prieß**, **Ulf Seegers** und **Julie Teßmann.**

Ich danke allen Expertinnen und Experten, die mich mit ihrer kritischen Prüfung und hilfreichen Korrekturen unterstützt haben:

- **Philip Gafron**, Kanzlei für Wirtschaftsrecht
- **Daniela Pietsch**, Pietsch Steuerberatung
- **Klaus Porwoll**, PecuniArs Honorarberatung

- **Judith Scholz**, Dr. Judith Scholz Steuerberatungsgesellschaft
- **Clemens Schulte**, Schulte und Partner Steuerberatungsgesellschaft

Und ganz besonders danke ich meiner wunderbaren Frau **Diana**: *Du bist mein Kompass – immer fest an meiner Seite auf unserem gemeinsamen Weg. Deine Begeisterung und dein positives Feedback zum Buch haben mich immer wieder motiviert. Ich würde dich jederzeit wieder heiraten!*